〔日〕鹫田清一／著　舒敏／译

穿着哲学：
逛街去
现象时尚
まちをあるく
ファッション考
現象学…

重慶大學出版社

目 录

I 时尚的基础 / 1
1 时尚的基础 / 3
2 时尚杂谈 / 39

II 穿着哲学上街 / 71
1 身体小宇宙 / 73
2 皮肤的感觉 / 95
3 化妆与"表面" / 119
4 安分与不安分 / 139
5 时尚的逻辑 / 161
6 关于风格 / 197

后 记 / 239

文库版后记 / 242

解说
灵魂的皮肤,
解构的美学 / 245

I
时尚的基础

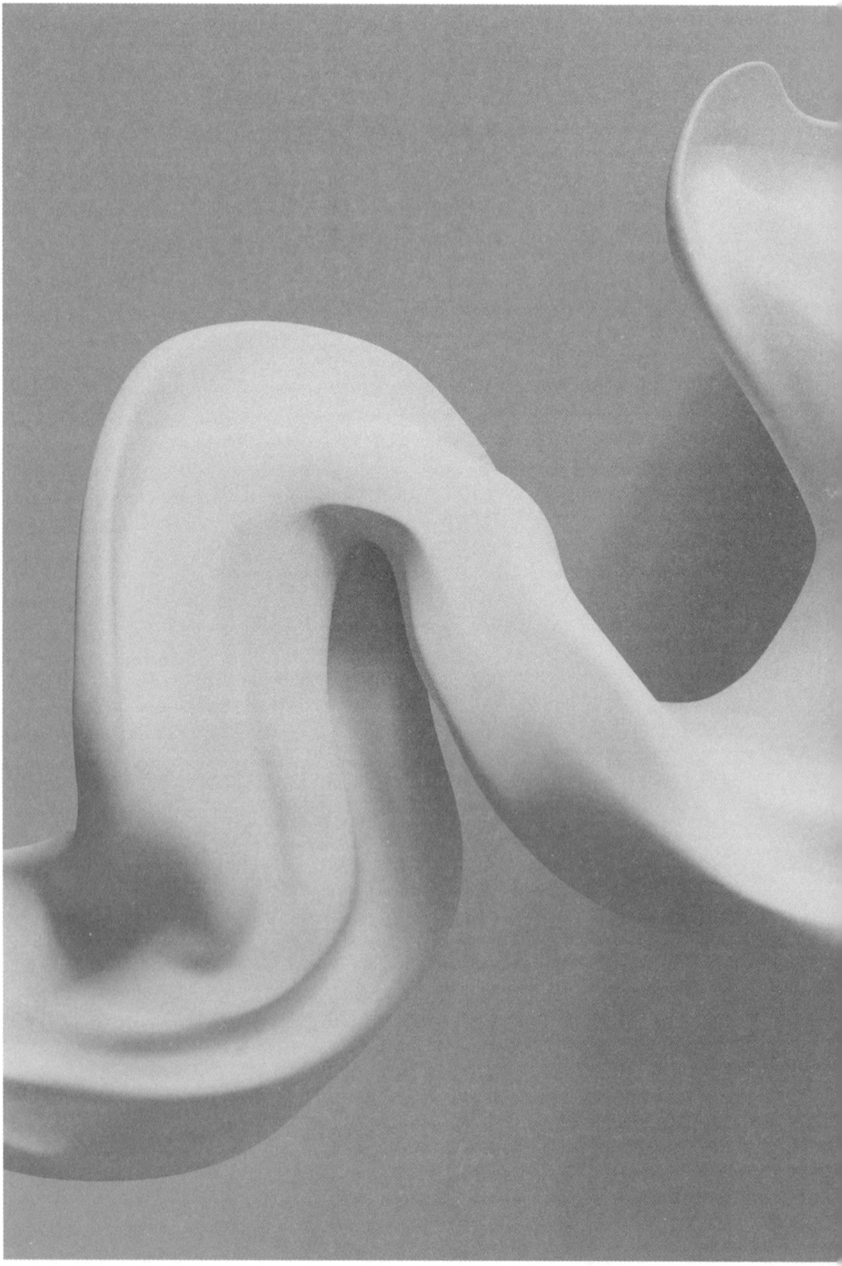

1 时尚的基础

时尚

对时尚毫不关心的人固然不够时髦，而脑中只盘旋着时尚、时尚……这个词的人反而更不时髦。

这两者乍看似乎是矛盾的，但实际上体现了相同的态度，那就是缺乏对他人的考虑。或者说，缺乏对自己在他人眼中是何形象的想象力。

每个人都会给人留下印象。从时尚层面来说，"印象很好"当然是赞美的意思。印象可能是一种清洁、清爽的感觉，亦或是土气、沉闷、乏味等感觉。

比如同样是医生，穿白大褂的时候会有给人一种不太容易亲近的感觉；而当他（她）穿便服来家中应诊时，就会让人感到很亲切，似乎可以畅所欲言。只是服装改变，就能让我们改变对一个人的印象。

"印象"的反义词是什么？是"表达"。用英语来表述的话就很容易理解。"印象"英语为"impression"，是指外界事物被刻印在内心（in）的过程。相反，"表达"英语为

"expression"，就是把内心的东西向外（ex）用可见的形态显示出来。"印象"是向内的，而"表达"则是向外的。

现在，提到时尚，很多人都会将其与"表达"联系起来。比如个性表达、自我表达等。一个人穿着打扮得太朴素，就容易被说缺乏个性，需要更多地彰显自我。但仔细观察就会发现，那些对流行敏感的人，其实很大程度上也如同穿制服的人一般，因为他们其实都穿着差不多的没有个性的服装。看看年轻女性吧！她们基本上都穿着类似的吊带衫、吊带连衣裙，外面有时再套一件薄薄的开衫，脚上通常都是厚底高跟凉鞋。

如果自我表达的"自我"是在追赶流行中被塑造出来的，那么能表现的也只有流行而已。如果独特的服装是在商店买到的，那么"绝对独特"的服装根本不可能存在。所以大家穿着的服装都差不多。前几天我穿了一件自以为很独特的衣服参加聚会，结果发现竟然有个人和我穿着一模一样的衣服，让我感到极度尴尬。

时尚不是自我装点，反而应该是对他人的关怀和体贴。如果从这个角度来选择服装，你的品位就会有所不同。也就是说，把使他人悦目作为一种考量，也就是将对他人的关怀精神融入其中，这可能是时尚中最重要的要素。

我出生在京都,从小就经常与艺伎、僧人擦肩而过。他们的服装都非常特别。艺妓的簪子和发饰都异常华丽,窸窸窣窣行走于夜色之中;而和尚则衣衫褴褛,只穿一件单薄的袈裟,在夜幕中托钵而行,脚踏草鞋,沙沙作响。一个是用华丽的打扮来款待客人,另一个则是用简朴的打扮来接纳众生。尽管两者截然不同,但他(她)们都不是为自己而打扮,而是在用自己的方式展现心系他人的"关怀"之道。比如在烈日当空的夏日里,穿上一件白色的和服,外面再罩一层透明的黑色轻薄的绢[01]或纱[02]的罩衫,使他人的眼睛感到凉爽。

江户时期的人们把时尚叫作"粹",指那种既成熟又有韧性,同时富有魅力的状态。换句话说,就是由潇洒、坚韧和妩媚交织而成的风情。哲学家九鬼周造[03]在其1930年发表的《"粹"的构造》一书中,列举了艺伎的经典美态,包括薄纱披身的姿态、沐浴后的样子、柳腰、鹅蛋脸、流转的目光、和服

01　绢:一种在纵向或横向编织时形成格子状空隙的丝织物,用于夏季和服面料。

02　纱:一种通过将横向纱线与纵向纱线交织形成空隙的薄网织物,用于夏季和服面料。

03　九鬼周造:哲学家,京都大学教授,受海德格尔等存在论的影响,著有《偶然性的问题》《人与存在》等。与此同时,他富于艺术感受性,在著作《"粹"的构造》中,从独特的视角分析研究了日本的传统文化。

后领露出的脖颈[04]、和服左下摆隐约露出小腿[05]。可能说得有些夸张，但九鬼周造所列举的例子与现代的吊带裙在某些特征上奇妙地相似。只是其中不仅仅是妩媚，还有一种可以称为张力或韧性的心灵状态，这是不同之处。

人们常说地位造就人，同时也常说服装造就人。这是因为时尚能够轻微地、甚至有时候强烈地撼动我们身体的形象。

例如，它与性的意象游戏。人们容易对赤裸的身体感到厌倦，但对胸口、袖口、深开叉或从下装微微浮现的内衣线条却深深着迷。这些塑造了我们欲望的形态。

时尚创造了品位和优雅等情感肌理。情感和时尚紧密相连，它细致地表达出放松、成熟、性感、调皮等细微的心情波动。

时尚还决定了人们意欲摆脱社会包围的抵抗风格。逞强、脱离、冒进、腻烦，这些都是时尚最擅长的游戏，在这种形象的摇摆中，人们慢慢地选择和确定自己。

---

04 此处原文直译是拔衣纹，和服的一种穿法。将重叠的前领上推，后领下拉，使颈部的肌肤较大面积露出。
05 此处原文直译是左襟，和服前部左下摆。芸者等穿着和服走路时，用左手扶住，是一种和服穿着的风韵。

让自己一直处于可变状态的行为，就是时尚。

流行

天气一变冷，我就想打扮得更时尚一些。当夏天快结束时，我就开始心痒痒了。我喜欢在休息日到街上闲逛，给眼睛做做准备运动，或者去常去的店里问问："有什么新货吗？"

打扮得漂亮，穿自己喜欢的衣服，这是每个人都想要的。但是，人们为什么想要新衣服呢？这个问题并不容易立刻回答。

比如说小饰品、手机或化妆品，别人有了自己也就想要。房子或钢琴可能也是如此，恋人也是一样。原因很简单，因为大家都有，所以我也想要。

然而，大家都拥有的东西，反而也可能成为不想要的理由。在街上遇到和自己穿同样衣服的人，谁都会感觉不舒服。

对于大家都有的东西也想拥有，而有时候大家都有的东西又让人感到腻烦。人类真的是一种复杂的存在。

购物时，我们的原则是寻找那些大家都有但又不完全相同的东西。不过这并不难，普遍的做法是选择和大家差不多，但在颜色和风格上稍有不同的东西。比如说，今年开衩裙流行，大家的衣服都在左大腿前面开衩，那么我们可能会稍微改变开衩的位置，或者将开衩加深一点……

几乎与大家相同但又稍有不同的风格是最好的——他们讨厌整齐划一，总是想与多数人保持一定距离，所以想涉足与大众不同的未知风格——位于时尚中心的人就是如此。有的人等到某种时尚完全融入社会才跟风，他们不愿落后太多以免引人注目，而是在不太迟的时候悄悄跟上。这些人其实是最容易被时尚左右的人。或许他们只是无法坚持穿上一代的时尚，因为店里已经不再出售那些旧的款式了。

这样一来，大家都不愿意与众不同，但也不想和他人完全相同，以此为核心，社会中的人们缓慢地呈现集体移动的趋势。

与此同时，服装就成了虽然还能穿但却无法穿着的东西。不仅是衣服、汽车、歌曲、包包，许多在功能上还完好的物品，根据时尚的标准早已被判出局，这就是这个时尚社会的严酷规则。可是，问题是为什么人们害怕走出这种规则呢？

最大的原因可能是，我们用来支撑自己的，是各自的自我形象。然而，恐怕没有几个人能够明确回答自己是什么样的人。自我是个捉摸不定的存在。虽然我们经常把"我"挂在嘴边，但实际上意识常常迷糊。比如一受到恭维就上头，一点小事就让我们情绪不稳，无法自控；甚至会一次次地犯相同的错误。因此，我们其实对自己的了解并不深，也不知道到底什么适合自己。所以试穿衣服时，总会忍不住问身边的人："这适合我吗？"

仔细想想，我们对自己身体的样子其实并不清楚。作为自己的招牌的脸，自己完全看不到，可是每天都必须把它展示给别人，这样的毫无防备真的令人担忧，而且很容易被人误解。因此，为了确保彼此眼中的自我形象准确，我们会提前想办法微调。那就是大家互相成为彼此的镜子，映出自己的形象。尼采曾说："对每个人来说，自己都是最遥远的存在。"这或许就是我们基于时尚的共同的想法。

这种"寻找自我"的过程很可能会无休止地持续。在这个过程中，人们会将穿流行的服装当作一种保险。这是因为，时尚本就是在大家穿着相似的前提下，稍微尝试一些冒险，调整自己的形象。人们可以稍微引人注目，穿得稍微显眼，但同时也常常想隐藏在大众之中，伪装自己，就如受惊的家畜会想尽办法钻进群体中隐藏起来。当我看到时尚界如此一致的流行趋势时，脑中不由得就浮现出这个画面。

然而，也许有些人穿着与大家一样的衣服，却正是为了勉强压抑住心中如炸弹般的情感。还有的人，穿上几乎无人察觉异样的做工精细的西装，把它当作城市战场中的迷彩服，把自己与时代的违和感隐藏在衣服下，过着如城市中游击队般生活的……

相比那些较为保险的服装，这种城市迷彩服作为衣服而言，无疑充满了更多的紧张感。说起来，这让我联想到凶犯被逮捕，人们看到他们时，常常会让人惊讶，因为他们看起来如此平凡的外表下竟然藏有那么强烈的凶暴意志，令人难以置信。

盛装与简约

过去，说到时尚，必定是指"盛装"。"我想要那件昂贵的皮草大衣""那枚戒指不错""我想穿那种华丽的礼服……"等等。更奢华、更美丽、更性感——用各种方式比平时的穿着更上一层楼，这就是时尚的定义。曾经的时尚显然与简约或寒酸无缘。

在社会阶级和阶层分明的时候，便是如此。大家都希望能升级自己的社会地位，变得更富有、更华丽、更优雅。

即使到了 20 世纪，阶级社会逐渐瓦解，这一方面也并未改变。大众社会中诞生了明星阶层，电影明星，尤其是女明星，无论在电影中还是在私生活中，都试图模仿上世纪的上流阶级。她们扮演公主和名媛，成了现代的灰姑娘。

然而，"二战"后，日本社会的阶层差异迅速缩小，出现了"一亿总中流化"*的现象，社会情况开始发生变化。在阶级差异极大时，上升志向是令人向往的不可能达到的目标，但当社会环境变得相对富足时，"比大众稍高"的位置不再显得那么耀眼，成为一个仿佛触手可及的梦想。

人类是一种复杂的生物。当他们并非获得幸运女神的青睐，而是通过巨大努力或费尽心机才获得了某些东西之后，便会觉得这些东西丑陋。它们不再是被憧憬的对象，而是被嫉妒的目标。于是，人们开始选择那些不被人憧憬，甚至被鄙视的东西，这反而显得有些英雄气概。例如革命运动（大多由上流知识阶层引导），以及所谓的六十年代的"drop out"。那些本来有望事业有成的人，为了追求"自由"，选择放弃工作，跳出常规轨道的生活方式。这种逃离竞争社会的生活方式还催生了"嬉皮士"这一群体。长发、随意的打扮、穿拖鞋……这是一种价值观的颠覆，正是对"简约"的回归。

---

* 一种大众观点，认为日本人绝大部分属于中产阶级。这种观点盛行于 20 世纪 80 年代之前。——译者注

有趣的是，即使是那些已经达到顶峰的人，也开始了与之并行的生活方式。有钱人为了显示自己真正意义上的富裕，他们并不展示自己是如何努力的，而是展示如何轻松享受生活。他们把晒黑作为时尚。晒黑的皮肤象征着他们的休闲生活。然而，在过去晒黑是体力劳动者的标志。在大多数人从事办公室工作或销售工作的时代，体力运动成了业余生活的象征。于是，在健康理念下，越是高层管理人员越给人"会玩"的印象。所谓的"陆地冲浪者"[06]也是这种形象的后裔。从此，回归"简约"成为时尚的一个固定模式。

其中有两种既典型又极端的"简约"时尚：朋克和流行主义。

毫无疑问，朋克时尚是对世俗的中规中矩的价值观和生活方式的挑战。铆钉、链条耳环、飞机头、破旧的夹克和恶趣味的妆容……聚集时，他们常常以粗俗的姿势蹲在地上。然而，即便如此，朋克如今也已成为时尚菜单中的一项，如同重金属音乐[07]的制服一般，但明显失去了其原有的张力。

06　陆地冲浪者：指那些在街上抱着冲浪板，装作很专业的样子走来走去的人。
07　重金属音乐：一种硬摇滚，主要指在20世纪80年代出现的摇滚乐及其乐队，以金属般的音响为特点。

贫穷主义

贫穷主义,即有意穿看上去贫穷的服装。皱巴巴、破洞、散线、肮脏的时尚。先锋派的时尚总是从传统价值观的破坏开始,因此常常以令人蹙眉的寒酸模样出现。在 20 世纪 80 年代到 90 年代间,乌鸦族和垃圾摇滚等风格曾流行一时。

与社会主流保持距离,不随波逐流,这才是真正的帅气。这看起来像是一个悖论。

盛装与简约的交融

如今的时尚界,盛装与简约的极致交织在一起。其实,这种景象自古以来就有。在红灯区,有盛装打扮的艺伎,她们华丽、优雅、成熟、性感,这是穿着的极致。而在城镇中,紧邻红灯区的就是寺庙神社。这可能是因为有精进落(指日本僧人结束修行后重返俗世生活方式的习惯)这一习俗。在日本的大多数城镇,红灯区与寺庙区相邻。从寺庙中走出的僧侣,身穿简单的缁衣,脚踏草鞋,持碗在市区化缘。他们自愿把自己置于社会底层,处于最贫苦的境地。正因如此,那些处于富足中却不得不承受痛苦与悲伤的众生,在往生时才能够得到他们的治愈。正是在极致的贫穷中,人们才拥有真正的悲悯。

当所有人拥有相同的感受和价值观时，成为那种反其道而行的"杂音"，即所谓的"脱离"，这是真正的帅气。人生"偏离"的群体——例如艺伎，尽管她们在穿着上是华丽的极致，但她们中的许多人原本也是遭遇到某种不幸才无奈开启了边缘人生——若她们将"偏离"这种被动境遇，转变为主动选择"脱离"主流的姿态，这就是时尚的一种极致。过去所谓的"意气地"*，指的就是这种生活方式。正如埃里克·吉尔[08]所写的，"时尚更适合精神而非肉体"。

奢侈

过去——也就十年前左右（20世纪80年代），高消费主义盛行的时候，有一个非常有趣的标语："奢侈是美好的"。这显然是对太平洋战争时期"奢侈是敌人"这一标语的戏谑。

当然，就个人而言，日本人并没有突然变得富有。电视上播放的时尚剧集里，刚工作两三年的女性似乎都住在青山附近的时髦公寓里。但实际上，她们的生活环境与此相差甚远，只是在衣食消费上勉强感受到一些宽裕。

---

* 坚韧的、有志气的，指一种女性魅力。——译者注
08 埃里克·吉尔：英国的字体设计师。在他开发的字体中，Gill Sans 特别有名。他在工业设计和工艺方面也有许多著作。

背着大包，英姿飒爽地完成工作后，顺道去一家简约的精品店逛逛，再与朋友去吃所谓的意大利菜，最后回到并不高级甚至有些寒酸的公寓，换上运动衫，慢慢喝着罐装饮料。这种不知是富足还是贫乏、充满矛盾的生活可能让人感到不安，因此对奢侈和高品位的向往不断升级。我印象中，好像有个叫"贵族生活研究所"的企业内研究机构也应运而生。

我们大致上得到了我们想要的东西（虽然大多是流行品）以后，我们却还是喃喃自语"想得到想要的东西"。似乎我们的欲望变得空虚了。到了 20 世纪 80 年代，我们似乎就已经走到了这个阶段。

然而，奢侈并不是一个单纯的事情。有时，奢侈的程度越高，反而越接近贫穷和节俭。

例如，奢侈的条件之一是拥有充裕的财富。但是，财富，尤其是金钱，人们拥有越多，对失去它的恐惧就越强烈，反而变得害怕花钱，于是变得吝啬。是的，变成守财奴。

当你想要拥有某样东西时，你会像被施魔法般似的被"那个所有物"诱惑和束缚。所谓爱情就是一个典型的例子。当你想将某个异性"据为己有"时，你开始非常在意他（她）是否对你以外的人感兴趣，开始过度关注他（她）的每一句话、每一个行为，甚至对无关紧要的事情展开妄想。当对方察觉到你的嫉妒心时，会反过来利用这一点。他（她）故意表现出背叛的样子，让你不知所措，并用尖锐的话让你伤心。这样对方就掌握了主导权。在这里，主从关系发生了逆转，想拥有的一方反而被支配。

说回金钱的例子。拥有越多的金钱，就越会被金钱支配。因此，为了避免支配关系的逆转，一旦获得金钱，就应该立即花掉，而不是积攒起来。不是因为想要什么东西（那样又会被"想要的东西"所束缚）而攒钱花钱，而是要将金钱像流水一样使用到即或是不需要、不重要的东西上去。要自由自在地使用直至一分不剩。

所以，真正的富有，真正的奢侈，应该发生在所有者和被所有者之间不会产生这种反转的关系中。如果只是尽情地拥有物品和人，这种富有会反过来被物品和人支配，变成一种不自由。

即使是时尚，对富有和奢侈的欲望也是非常奇怪的。破旧的、下摆脱线的、满是补丁的、皱巴巴的衣服……这些"贫穷"的演绎，往往成为非常昂贵的、抢手的商品。破旧的牛仔等旧衣服被称为"复古"，价格甚至能卖到一百万日元。在岚山和修学院，有各种各样豪华的公寓，但有些人偏偏要寻找京都市中心那种门面狭窄，进深很深的古老而黑暗的房子，或者是冬天会有冷风灌入的倾斜式的木结构房子。在佛罗伦萨，想要彰显品位的人，会特意在房子密集的市中心选择那些住起来不太方便的房子。

在过去，黑皮肤是体力劳动者的标志，因此大众都爱展示白皙的皮肤。但现在情况恰恰相反，晒黑成了富有的象征，因为它能彰显出你有闲暇时间去享受日光浴。那些没有这种闲暇的人，甚至会特意去美黑店。曾几何时，胖代表富裕，瘦则是贫困的标志。而现在，肥胖成了底层劳动者的象征，不用劳动的人则显得苗条，肥胖甚至成为一种歧视的符号。肥胖被看作是没有时间和精神余裕管理自己健康的证据。

然而，那些尽可能拥有很多东西，却被这些东西折腾得团团转的"暴发户"实在令人可怜；而过分在意形象和外表的"新富"们也给人一种很没品的感觉。

那么，问题来了：

你是每天穿不同的衣服出门？还是买几件同样的衣服，每天换着穿？

你是每天在实惠的餐厅吃一顿还不错的饭？还是选择平时中午和晚上都在办公室吃便利店的饭团或甜面包，但每周去一次高档餐厅用餐？

品牌

大约十五年前,我因为工作住在德国。一次,一个喜欢汽车的朋友从日本过来玩,我们一起在街上散步时,他突然大声喊起来。他对德国用奔驰作出租车感到震惊,因为在日本那是普通人买不起的豪车。

当时日本用皇冠或卡罗拉作为中型出租车,但奔驰被认为是配备专有司机的超豪华车。所以看到德国街头略带尘垢的奔驰随意地在等客的情形,他感到非常惊讶。当然,现在日本人对奔驰的感觉已经变成了一种略讲究的"富家女"用来玩耍的车。尽管如此,如今在拥挤的市区里,兰博基尼、高高的四驱越野车在商业街与自行车和摩托车一起并排行驶的情景,看起来就像漫画一样。

不仅是汽车,品牌本应该是用最尖端技术制造出来的高质量产品,但在日本,这却奇怪地变成了漫画或笑话。比如在大阪南部,穿着香奈儿吃章鱼烧成了一种风景;或者棒球选手在前往赛场时,却一身高尔夫装束,手里拿着一套路易威登的包;穿着校服的女高中生拎着路易威登的包也是常见的景象。

作为礼物带去的和果子,出席仪式穿的和服,相亲和会晤时订的高级餐馆等,这些具有历史厚度的东西,我们对其有明确的品牌意识和等级标准。但衣服和包包，由于缺乏这样的历史传统，除了极少数眼光独到的人，品牌对于一般人来说基本是无意义的符号。

因此，"品牌倾向"这一表达带有一种无脑的被这些符号迷住的含义，就是因为"别人也有"，所以跟风买来撑面子。没有鉴赏力，只是根据品牌的名声和形象来买而已。在时尚中，这种行为被认为是最轻浮的。这与在一些人胸前得意闪耀的大企业铭牌或议员徽章是同一类东西，一样可悲。

在这个意义上，20世纪80年代可以说是这种时尚狂热的顶峰。大家先是一窝蜂涌向设计师品牌，接着又迷上"无印"。这真是讽刺，但还没完。荒唐的是，还出现了试图将家世时尚化的新贵族主义推动者，最后连身体也开始追求品牌化。超级模特的身材成了终极品牌，大家纷纷开始节食和锻炼。

在这里，品位和品牌并不总是联系在一起。所以，对于真正重视品味的人来说，不被品牌左右才显得更帅气。

本来，品牌是与时尚完全相反的东西。技术出众（如奔驰等），基本款不变，超越流行，不会因过时而被淘汰……到底哪个品牌适合自己，在这件事上人们眼光受到考验。物品的选择中体现了个人的品位和自由。是的，自由。品牌是人的选择，而不是人被品牌所选。

不过，品味的变化总是直接与所属阶层的升级联系在一起的。人们通过穿戴的物品，可以感受到那种阶层上升的感觉。说起来，品牌原本是指在自己所有物（如家畜）上烙的印记。品牌本是自由的表现，为何反而变成了人们依附的东西？

从这个角度来看，从早前时期的品牌，到品牌本身的时尚化、符号化，再到如今重新聚焦于时尚之后的品牌，似乎这一趋势愈发明显。

尽管衣服还没坏，但因为不再流行就不再穿，以及总是想穿最新款式的时尚态度，这种对新时尚的追求（新物狂热），当人们对此感到厌倦时，首先注意到的是二手衣服。二手衣服渗透了时间的厚度和沉淀，甚至让人感受到一种对被遗弃衣物的哀怜情绪。可以说，这是一种对不断追求新潮时尚的"让人无法忍受的轻浮"的潜在抵抗。

社会将一切物质都能转化为时尚消费元素。当前的第二次品牌热潮，或许正是对这种现象的抵抗。深深扎根于发掘物品的时间触感和厚度，及其生产传统……这被认为是最高的品位。作为经历过 80 年代时尚狂潮的人，对于这种新的品牌取向趋势，不禁心生几分敬意和信心。

无论如何，在经历了时尚狂潮后出现的两极趋势——

二手衣服的流行和新品牌的追捧现象，两者都是对时尚的讽刺。

品位

没人会讨厌被称赞"品位好"。与被称赞聪明或体力好不同，被称赞品位好会让人有莫名的好感。基本上，这种称赞让人感觉自己的生活方式和感觉被认可，不用刻意努力也光彩照人。如果听到这种称赞，即使明知是恭维，即便是严谨正直的人，也会不由自主地露出笑容。

品位是一种平衡感。所以，当说"品位"时，人们联想到的是领带、衬衫的颜色和图案搭配，但服装与场合的匹配也同样重要。然而，品位并不能毫无缺陷，过于完美的搭配反而让人觉得不真实，容易让人感到厌倦。百分百的完美甚至让人窒息。

不仅是衣服，个人形象和企业形象也是如此。比如，百分百的完美女性，或百分百形象良好的保险公司形象往往显得僵硬，让人感觉无处可逃。飘逸的长发搭配精致的小耳环、柔软的衬衫面料中露出精美的圆形手表、蕾丝内衣、丝袜、细高跟皮鞋、考究的拎包……让人联想到肥皂或黄油块。缺乏活力，容易磨损，或变得油腻。当你对她付出热情时害怕将她溶化。百分百的女性化让人感到疲惫，因为没有弹性和空间。

因此，女性有时候会制造一些反差。比如穿男式运动背心、素颜妆、大而厚重的手表、大叔款皮包、运动鞋……曾经的短发和牛仔裤的流行也在于这种反差和不平衡带来的新鲜感。

说到 sense（品位），common sense（常识）不可或缺，但过多的常识反致无趣。常识有时意味着随处可见，归于平庸。略微偏离或超出常识的地方更能吸引人。比如，一个经过种种思考后才做出决策的上司与一个只会依据常识做出固定判断的上司相比，即便最终判断正确但给人的印象和品位截然不同。真正的品位不是协调，而是灵活，是形象的摇摆。曾经有首歌叫《摇摆的心情》，"感觉到你摇摆的心情，想一直这样在你身边……"这就是诱惑的关键。某种不和谐的东西混入，让人不能清晰明了，却感到有些着迷，这就是时尚的感觉。男性佩戴耳环时的魅力，可能也在于此吧。

曾有一部电影名字叫《朦胧的欲望》[09]。科幻小说家菲利普·迪克[10] 的小说里有句台词："带我去你的房间，吻我。你的话里有某种无法定义的东西，让人欲罢不能。"正是因为这种意义的不确定性，我们才会被吸引。其实，过于明了的

---

09 《朦胧的欲望》：路易斯·布努埃尔执导的法国-西班牙电影（1977年）。
10 菲利普·迪克：美国小说家。他的长篇小说《仿生人会梦见电子羊吗？》是现代科幻小说史上的杰作。此外他还著有《高堡奇人》和《尤比克》等作品。

东西是无聊至极的。书也是如此，能够轻松读完的书最后不会给人留下什么深刻印象。从这个意义上说，无论是个人还是企业，如果总是想着把形象统一化，这样做可能有些危险。

曾经流行的那种不协调感，其实其中诱惑的关键点也是经过精确地计算的。牛仔夹克与稍微透视的优雅的黑色连衣裙的搭配，已经成为经典款式。当下，如果不在穿着上有所考量的话，大多数情况都会显得土气。然而这种风潮已经过去，现在流行的是更极端的感觉，即所谓的坏品位。大概今后我们不再会过多关注美丽、优雅、可爱或富丽这些概念。相比之下，"心动"或"有趣"的感觉会变得更加重要。甚至"离经叛道"的感觉，可能会在空气有些沉闷的时代，意外地打破沉寂成为流行。不过，反叛一旦流行起来，"离经叛道"也就不再特别了。

我是谁

有件事我一直想不明白。女性是因为是女性才显得女性化，还是因为表现出女性化才成为女性？学生是因为是学生才显得学生气，还是因为表现出学生气才成为学生？

以前看过这样一部漫画。典型的优等生桂子某天转学，遇到了完全相反类型的同学洪介，内心开始动摇。"在扮演优等生的过程中，我好像失去了很多东西……"

"走回家的路有十五分钟

小时候经常跑步

去买东西或上学的路上

从什么时候开始，不怎么跑步了

只做些女孩子特有的小跑

……要不试着跑跑看……

像那时一样轻松地抬起腿，听耳边的风声

能不能感觉到身体像空气一样轻盈"

——大和和纪《蓝色神话》[11]

进入公司穿上职业装时，很多女性会突然有这样的想法。生活是不是就是在不断削减自己的各种可能性？这段文字像水渗入沙子一样，触动内心，让人也忍不住这样喃喃自语。虽然知道"女性化"是一种形象的演绎，但很多女性已经演得非常自然，甚至忘了自己在演。很多人把它当成一种手段，但也有人觉得它像囚禁自己的牢笼。可以肯定的是，一定有些人无法适应社会对"女性"形象的定义，感到无比厌烦。

"某某的样子"也可能是这样一种概念。就像某种血型或类型特征的细分，然后具体到个人，形成某种"样子"。比

11　大和和纪《蓝色神话》，收录于《大和和纪精选集》（1995年讲谈社）。

如，某某从不跑步或不适合粉色，等等。换言之，这里的"某某"是类型的集合体。

然而，别人所说的"某某的样子"往往与其自己认为的"我的样子"不符。比如说某某举止优雅，总是充满活力，或处理事情干脆利落，或者很细心，这些特点却无法让其本人感到那就是"我的样子"。因为充满活力的人很多，细心的人也不少，这些特点并不是某某独有的。无论加多少这样的特点，都无法触及某某的真实自我。"某某的样子"只是细分后的类型化，是他人眼中的形象，所以常常并不贴切。

那么，我是否有明确的"我的样子"？大多数时候，这也是模糊不清的。即使我们努力探索，也很难找到自己独特的东西，反而会觉得自己非常平凡。

"样子"本来就是将人类型化、模型化的概念，追求"我的样子"可能并不现实。与其拼命给自己贴标签，不如思考一下自己对谁来说是有意义的存在，这样可能会更有力量。如果能感觉到自己在某个他人心中占据了有意义的位置，仅凭这一点，就能找到活着的意义吧。

如果有人对你说"我认可你"或"我希望你在我身边"，这不就是对"我是谁"的意义的最好证明吗？成为对某个他人重要的人，这就是我"不可替代的存在"的证明。

所以人们才会憧憬恋爱。或者，当家庭生活变得极度平淡，人们无法切实感受到自己存在的必要性时，就会渴望冒险。

觉得自己在他人心中占据了有意义的位置的这种体验，若在小时候未曾有过的话，长大后会很痛苦。年老后也是如此。我曾看到过一个老人的故事，这个老人留下遗书说"没有人同我讲话"，然后自杀了。所以在极端情况下，有些人为了引起他人的注意，会故意说让人讨厌的话。即使成为厌恶或排斥的对象，人们也不愿被人忽视，这种心情是切实的。

然而，"我是谁"是无法独自完成的，所以人们互相议论、评价。人们在他人之间寻找自我。在他人之间给自己分类，这可能是自己即将走向衰弱的信号。但是，如果出现一个爱你的、非你不可的人，人们就会觉得上述这种分类变得无趣，也不再执着于追寻"我是谁"了。

当季

所谓"当季"的食物，指的是处于食用之最佳时节的食物。现在正活跃最有劲头的人，即正"当季"的人。

说到日本"当季"的食物，要么是鱼要么是蔬菜。我出生在一个内陆城市，对于当季的鱼知之甚少。人们嘲笑我只认识干鳕鱼、醋青花鱼和鲫鱼寿司。但是对蔬菜水果我真的很在行！虽然想这么夸口，但我其实除了对洋葱、萝卜、白菜、卷心菜和土豆这些还比较喜爱，胡萝卜、菠菜、蕗、茗荷、茄子、南瓜、青椒这些五颜六色的蔬菜，我都不太喜欢——不过西瓜、草莓、番茄例外——而直接能感受到"当季"的，大概就是春天的竹笋了。竹笋，连字都很有诗意*。竹笋的口感像是嫩竹的刺身，煮食时散发出米糠的香气，而竹笋配山椒芽和海带时更是香气扑鼻，其味道不输给秋天松茸的土瓶蒸**。

当季的食物每年都能与我们相遇，这一点很美好。然而人的"当季"却带有一丝哀愁，因为它一去不复返。同样是"当季"，在循环的时间里遇见，和在直线的时间里遇见，带给人们的感受截然不同。

关于人的"当季"，并非一帆风顺。每个人的最佳时节来的时间各不相同。它并不是在你想要的时候就会来。这一点首先就不简单。

曾几何时，我也随着年龄的增长，思绪会飘向同龄的

---

*　竹笋在日语中直译为竹之子。——译者注
**　土瓶蒸是一种日本料理，把松茸、白身鱼等放在陶罐里蒸煮而成，味道鲜美。——译者注

名人——虽然不再会和美空云雀[12]出道时的年龄相比——会想到"啊，兰波[13]在这个岁数已经退出诗坛了"或者"詹姆斯·迪恩[14]在这个岁数已经因车祸去世了"，又或者"黑格尔[15]在这个岁数已经完成了《精神现象学》"，等等，心中不免有些不安。不过，最近我也不再急于思考我的最佳时节到底何时会到来，也不再偏好阅读那些大器晚成的作家的作品，而是偶尔翻翻《世界名言·临终之言》这样的口袋书；也会突然想起第三任美国总统杰斐逊在临终时的遗言"今天是四号啊……"，然后想着"如果是我的话，我会说……"之类的事情，脸上浮现出一丝怆笑。

人们的"当季"还有一个残酷的事实，那就是身处其中的人往往并不知道自己正处于最佳时节。"当我二十岁的时候，谁也别说那段时光是人生中最美好的季节。"这是保罗·尼赞[16]在《亚丁，阿拉伯》一书开头的话，这正是所谓的"当季"。"青春对

12　美空云雀：日本著名女歌唱家、演员。
13　兰波：阿尔蒂尔·兰波，法国诗人，年轻时便开始天才创作，17岁时携带作品《醉舟》来到巴黎，和诗人魏尔伦同居、分手。在失意中写下了《地狱季节》。20岁时与文字绝缘，之后辗转各地从事各种职业。虽然生前默默无闻，但死后评价极高，对现代诗歌产生了深远影响。
14　詹姆斯·迪恩：美国男演员。
15　黑格尔：弗里德里希·黑格尔，德国哲学家，被誉为哲学的完成者，其著作包括《精神现象学》《历史哲学》等。
16　保罗·尼赞：法国作家，著有《阴谋》等作品。

于年轻人来说简直是浪费",那些从未经历过最佳时节或者已经过了巅峰的人,才会像对待宝物一样珍视这个时节。

事实上,"当季"实际上只有在季节即将到来之前,或者已不可避免地进入下坡路,抑或遥远地回想时,才有现实意义。换句话说,就是在最佳时节前夕或过后。正"当季"的人,应该正处于不可预测的混乱之中,不知道巅峰会持续多久,也不知道何时会走下坡路,心中充满了不安。

当然,人类作为一种生物,也有生理上的"当季"。日语中曾经有"少女盛期"和"妇女盛期"等词语,意思是指女人介于青涩和枯萎之间的成熟时节,不过现在已经成为不再使用的词汇。

然而,如今即使是自然的"当季"也变得越来越可控。尽管月亮圆缺有时,但如今连分娩日期都变得可以选择和调整。近年来,听说20多岁女性的厌食症和月经停止现象也屡见不鲜。

身体环境本身都可以在一年四季人为调节了。由于空调的普及,季节感变弱,人们不再是通过肌肤感受,而是通过记忆中的形象来唤起季节感。在夏装和冬装之间的衣物换季习惯也逐渐淡化。即便在秋冬的服装发布会上,轻薄透明的连衣裙也不再鲜见。同样的,黄瓜和番茄全年都能在超市见到。因此，我们不得不通过各种形象来演绎季节感。

对季节感或者巅峰期后的那种独特的寂寥感的回忆，已经成为人们嫌麻烦的复杂情感体验。古人知道真正的"当季"是在"最佳时节"之后来临。正是在对"当季"必将消失的预感中，才有了以下的直击人心的和歌诗句：月有阴晴圆缺……樱花最美在凋谢时……

化妆

神真是残忍。那些真正需要化妆的人，化妆却对他们没什么大的作用；而那些其实不需要化妆的人，比如少女和少年，却能从化妆中获得最迷人的效果。化妆似乎有让人发狂的力量。

从这个意义上讲，美丽的化妆其实并不多见。街头看到的化妆大多是为了隐藏或伪装，就像男性的假发一样。目前最惊人的化妆大概是变装皇后的浓妆和少女的极细眉。那眉毛的位置离原来的眉毛相去甚远，看上去简直就是一条长线。除此之外的化妆，坦率地说，都很乏味。虽然，这些化妆都不符合我的审美……

有时我觉得现代女性都沉迷于某种让自己变得更不美的化妆。人生不仅只是色彩，还有韵味。对于那些刚刚开始了解这一点的成人女性,我更希望她们能在脸上创造出一些风韵,比如说,可爱的皱纹。这样想的应该不仅仅是我吧。没有什么比扮年轻更可怜的了。为了遮掩什么而化妆,毫无迷人的魅力可言。

有一次和时装设计师山本耀司[17]见面,谈话间我问起他喜欢什么样的女性。他说,随意穿一件男士敞领衬衫的素颜女性,或者头发几乎全白、叼着雪茄的老妇人。我非常理解他的感觉。当后来又问他,作为男性的理想状态时,他举了一个例子:在散步的时候,对陪伴自己多年的老狗说:"噢哟,你也老了啊。"

一个人所经历的时间、一个人独自度过的时间,深深浸透在她的面容上。那样的面容才是最美的。如果不爱她的过去,不爱她的全部存在,那还能称为爱吗?

还是说,正因为人们不再天真到相信这样的爱,所以才化妆?如果是这样的话,那种感觉真是让人不寒而栗。

---

[17] 山本耀司:时装设计师,他毕业于庆应大学法学部,之后开始从事时装工作,1981年在巴黎举办了时装秀。注重行动的自由,他的服装倡导了既抽象又无法与社会上的任何人群类型挂钩的风格。作者本人非常喜欢耀司的"可疑"服装系列。

"我喜欢化妆的女人。因为她们通过某种虚构来面对和抵抗现实的行动,让我感受到一种能量。同时,化妆也是一种游戏。把脸涂得雪白的女人,似乎有一种'人生不就这么回事嘛'的从容……将化妆归结为女性的自恋,或批评她们是小资产阶级的奢侈,是一种不负责任的想法。因为对于女性来说支撑其一生的力量正是在想象之中。"

这是歌人兼戏剧家寺山修司[18]的话,是相当有见地的化妆论。虽然现在很少有人说化妆是"小资产阶级的奢侈",但缺乏"虚构"的化妆确实很多。不是因为想超越自我而化妆,而是因为没有自我,无法成为任何人而化妆。这样的化妆随处可见。大家都好像在共同模仿某个模特的劣质妆容。

英国有一位精神科医生在其著作中写道:我是谁,也就是人的身份认同,其实是自己对自己讲述的故事。从这个意义上说,化妆是为了对自己讲述另一个可能的自己,用想象力为自己的存在注入活力,超越那个原本只能如此的自己。从某种意义上来说,化妆就是人生的战袍。

---

18 寺山修司:诗人、剧作家、导演、电影导演。早期在早稻田大学就读期间以前卫诗人的身份崭露头角,创办了前卫剧团"天井栈敷",著有《丢掉书本,走向街头》《田园之死》等作品。

还有一点，就是我们自己无法看到自己的脸。用以识别身份的那张脸，唯独自己看不到，这意味着，人与自己的样貌之间的关系只能通过想象实现，人们只能通过想象与自己产生联系。在镜子前化妆的人，好似正在与自己的像（形象）嬉戏。人永远无法与真正的自身完全重合。内心永远存在自身难以修补的裂痕。

因此，可以说，人生在根源上包含了想象和虚构的双重意义。

在最近的街头，我们常看到出现一种毫不掩饰的化妆与事实本身不一致的化妆风格。比如将头发染成金色或各种鲜艳的发色，把眉毛修成与原来的眉型完全不一致的极致细眉，以及涂蓝色、紫色、银色等让人出乎意料之外的各种奇特颜色的指甲油。这种化妆，或许正是在直白地表达一种理念：生活是由想象和虚构构成的。从这个意义上来说，这正是一种"哲学"式的化妆。正如安部公房小说《箱男》中描述的那样，或许有一天，全城的人都会在走上街头时戴上面具。

说起来，日语中的"颜"（脸）一词对应的是"mask"，而"mask"的意思正有"假面"的含义。而日语中的"面"这个词则同时具有"脸"和"面具"的双重含义。

触感

有些人会剃掉眉毛、处理多余毛发，让皮肤光滑。也有男孩子喜欢皮肤光滑的感觉而用药物除去身体多余的杂毛和绒毛。

据有关研究人员说，除去身体的绒毛后，人可能会无法感受事物细微的质感。人体的绒毛就像人体表面的一种透明缓冲层，人体对物体的触感正是由接触时绒毛感受到的压力产生的。去除绒毛后，人体无法感受那种细微的压力，从而对事物的质地和触感变得迟钝，也难以感受环境中微妙的气氛。听到这些，不禁让人对身体绒毛产生亲切感。

所以，在追求美的同时，稍有偏差就可能使我们的感官变得贫乏。我们清理身体，明明是为了能更好地与他人、与环境产生连接，其结果却适得其反。这有些讽刺。

逆光下人体的绒毛若隐若现、闪闪发光，真的是很美，就像茧壳表面一样，繁复而富有深度。这种细微的触感，让人联想到轻轻拂过的微风的柔和、水滴的弹跳、饼干的松脆、裹在身上的毯子的柔软等各种触感……所有的感觉，都来自于自然之物与富有深度的人体表面的纠葛。

最近，有越来越多的女性在选购服装时会非常看重面料的触感。虽然非常轻微，甚至令我们感觉不到，但服装一整天都在柔和地刺激我们的身体表面。就像戴上随身听，把你喜欢的音乐作为活动的背景音乐一样，服装构成了我们生活状态的一种低音部伴奏。穿着休闲服和穿着正装时，服装作为人体行为的伴奏时，风格会大不相同。有时，为了营造人体的张力感，我们会刻意不穿内衣或穿一些凉爽的、贴合皮肤的面料。这是刻意让自己的体表保持紧张状态。速滑服装就是这种束缚和贴身的服装的极致的例子之一，也可以说是一种 SM 的时尚。

在迷你裙首次登场的 20 世纪 60 年代，信息学的先驱马歇尔·麦克卢汉 [19] 预言了未来的时尚。他说，随着电子媒体时代的到来，时尚将走向一种趋势，那就是人们将不再通过各种视觉形象来想象自我，而是通过身体的所有表面来呼吸和感受这个世界。

从腿部能自由呼吸空气的迷你连衣裙，到紧贴皮肤的紧身连衣裙，再到最近由高科技纤维制作的衬衫和裤子，时尚似乎正在逐渐接近麦克卢汉的预言。

如果事情按照他所预言的发展，时尚杂志和时装秀等以

19　马歇尔·麦克卢汉：加拿大信息和文化学者。他认为电视和广播等视听信息手段正在促成人们新的思维和感受，著有《古登堡星系》等。

视觉为中心的媒体在时尚中的重要意义将会逐渐不复存在。我们目前还难以想象我们与衣物的这种超出视觉维度的深层次联系，但在当今的时尚中，已经开始有了类似的预兆。

首先是新型合成纤维的不可思议的触感。新型合成纤维拥有比天然纤维更细的超细纤维，其纤维直径是丝绸的百分之一，这种触感是人类从未体验过的。人造布料（仿丝织品）竟然比天然的材料更能提供细腻的触感，这种未知的感官体验将如何发展出新的美学，的确值得关注。

或许，这种感觉就像公仔玩具的毛绒一般，会唤起我们记忆深处的童年的某种无意识的触感。在新型合成纤维风靡的同时，人们也越来越喜欢旧衣服的触感，这些或许就是一种印证。

这样一来，对于衣物来说，其中包含的"记忆"可能比"新颖"更有意义。过去，色彩和版型的新颖是时尚服装设计的生命力。时尚意味着不断更新换代，就像将旧的时代一页一页地翻过去。但是，比起这些色彩和版型的新颖，服装布料中蕴含的时间沉淀带来的这种厚重感，构成了时尚关键词的一种新的可能性。

当然，想要使用新布料来达到这个效果，理论上是矛盾的。因为机器制造的新布料根本无法做到时间沉淀这一点，只能停留在对时装"做旧"的手段上。日本一位著名设计师曾说他非常"嫉妒时间",或许正是出于这个原因。

然而,新型合成纤维的布料并非仅仅是仿天然品,它是以前从来没有存在过的布料。没有人触摸过的质感,将带来怎样的真实感和时间感?我们以后可能会更关注新型衣料带给我们的未知而真实的触感,而不是服装外观的新颖。

2　时尚杂谈

音乐与时尚

屋外的绵绵细雨让人伤怀。

"嗯，这样的日子，最适合听那首音乐啦。"

时尚总伴随着音乐。比如20世纪60年代的披头士乐队。脱离他们那奇特的发型（蘑菇头或印度风的长发）和服装则无法谈论他们的音乐。作为一种时尚现象，披头士的每一个变化都受到全世界的关注。每当他们发布一张新专辑，全球的时尚都会随之改变。

摩登[01]、朋克[02]、垃圾风格[03]也是如此。还有电子音乐、麦当娜、视觉系乐队。总之，电视时代的音乐场景不仅仅是音

01　摩登：Mods，摩登风格。moderns的缩写。长发、艳丽的花纹衬衫和领带、喇叭裤等，是1960年代中期在伦敦兴起的奇特时尚。
02　朋克：Punk，朋克时尚。1970年代中期，从伦敦的摇滚乐队服装开始流行的激进时尚。包括染发、竖直的发型、用安全别针等金属作为饰品等风格。
03　垃圾风格：Grunge，指将破烂或褪色的衣服叠穿，是一种源自垃圾摇滚的服装风格。

乐，还包括独特的妆容、服装和姿态，构成了整体的时尚。人们感受到这些时尚元素，进而效仿他们，汇聚街头。

为什么音乐会与时尚联系在一起呢？

为什么声音、节奏与穿着打扮、行为举止会产生关联呢？

抑或当我们决定今天要时尚一些时，为什么我们会觉得不同的餐食需要搭配不同乐曲、不同的空间需要搭配不同的背景音乐呢？

音乐能够让沉浸其中的人陶醉。音乐使人们的心情变得温柔，或变得情绪昂扬，或是感到某种神秘的诱惑。它让我们的感官伴随着深深的情感而发生各种变化。它让我们在失意时眼眶湿润地哼唱旋律，也让我们在不知不觉中愉快地哼起小曲。或让我们的全身都充盈着节奏。

现场聆听硬摇滚时，我们感觉声音的重量冲击着我们的骨骼；科技舞曲的音粒似乎直接敲打我们的神经；吉他弹拨的原声，像是喃喃自语，又像是在抚摸我们的肌肤。

音乐以这种方式直接作用于我们的各种情感和身体感官，引发身体的微妙感觉，或者是促进身体运动。因此，它也与我们穿衣时身体对布料的触感密切联动，也与所在空间的气息和氛围相互融合或对立。

音乐和时尚,这两者总是在"现在"这个时点上,提示我们在身体运动时最舒适的感受模式。它们让我们的生活处于一种令人愉悦的感受风格之上。

能穿戴的音乐装置"随身听"的出现,使音乐与我们身体的运动、情绪的变化有了更加紧密的联系。不仅如此,我们还通过音乐调节身体与世界接触的界面——皮肤,这改变了我们对都市空间的感受,也改变了我们在都市的居住方式。

体育与时尚

相扑、游泳、剑道、赛跑这些运动最初是作为礼仪、修身或游戏而出现的活动,后来(包括游戏在内)逐渐作为一种固定活动而被定型。它们出现的最初目的并不是为了锻炼身体或打破运动记录。

然而,现代的"运动"却深深与数字和成绩联系在一起。我们在运动时计算速度、距离,测量体重或体脂率。在运动成绩上追求最佳数值,或尽可能接近标准值、理想值。也就是说,尽管身体还是身体,在关于身体和健康的各种"虚幻"观念的作用下,现代体育运动变得非常"观念化"。

在20世纪80年代健身热潮最盛时,美国的一项调查显示,尽管人们在80年代中期比70年代初更注重健康、积极锻炼和低脂饮食,但对自己身体的满意度却显著下降。人们越是关注身体,就越容易感到不安。

时尚意识加剧了这种情况。"美丽"的轮廓、无赘肉的"苗条"身材、曲线分明的"性感"身体……人们被这种身体形象的观念裹挟。作为被观察、设计和锻炼的对象,身体仿佛只是被一层透明的皮膜包裹。身体成为一个被设计的物件。

然而,体育运动有时会打破这种皮膜的包裹。通过运动,身体会从内部发生改变。

肌肉绷紧和松弛的剧烈交替、瞬间加速、缺氧状态、体温的急剧变化、与他人身体接触时的冲击、疾跑和跳跃时空气密度的变化、摇晃中的平衡感、湿透粘在皮肤上的服装、受限的皮肤呼吸、内分泌的活跃、呼吸道的充血、肌肉的抽搐、痛觉和温感、视觉与内脏感受的意外交错……在这些过程中,身体感官突然被带入一种迷乱和眩晕的状态。

此时,身体从被教导和习得的固有的模式中脱离出来。也就是说,在社会中我们"习以为常"的身体动作的模式,可以通过体育活动被打破。意想不到的身体运动会引起意想不到的身体感觉,通过这种感觉我们重新与世界连接。例如，潜水的快感就是在这种情况下产生的。运动带来的宣泄效果就在于身体运动带来的快速的情感频道的转换。

体育运动能在不同层面上唤醒被深深遗忘的身体感觉。

饮食和时尚

饮食和时尚都能让身体感到愉悦，加强身体的感受性。

味觉和触感，即嘴巴（嘴唇、舌头和口腔）的感觉和皮肤的感觉。因为都是由身体表层所激发的，所以它们的感受性常常可以用相同的词汇来表达。如粗糙的、光滑的、松软的、黏腻的、脆的、爽的。这些词汇中贯穿着同质的感觉。

说到饮食和时尚的联系，首先让人想到的或许是吃高级晚餐时身穿西服或礼服，或者高级餐馆的内饰。但从人内在的角度来看，这种关系也可以通过某种肌理，即质感来和我们的感受取得联系。人体常被比作一根管子，两端分别连接嘴巴和排泄器官。想象如果它变得粗短，短到像一个甜甜圈会如何呢？那么咬劲，舌头的触感、喉感、咀嚼感，这些构成了甜甜圈内部的触感；而衣服仿佛决定了是这个甜甜圈外侧的触感。两种感觉是连续的。

幸福是需要从口中表达出来的，哼小曲、咂吧嘴、无尽地聊天、吮吸或抚摸肌肤等。另一方面，不幸也常常通过口部表现出来。例如，无法进食、说不出话、哼不出小曲、喉咙干燥等。这是身体受折磨的表现。无法进食、说不出话意味着拒绝外部，拒绝与自我以外的事物接触和交流。这是因为身体将自己的开口部突然封闭了。

在时尚中，衣服并不是只紧密包裹身体，而是能够深入身体。例如打耳洞、染发、纹身，或者束身减肥。这些常常伴有肉体痛苦的时尚，应该是受某种无法解决的困境或巨大的无奈驱使的，即使本人可能并不这么认为。我之所以说"应该是"，因为我怀疑，在如今这种时尚的行为中，迫不得已的冲动成分已经消失，取而代之的是单纯的一种潮流行为，"因为别人也这样做"。

从这个意义上说，吸引人的往往是最新兴的时尚，也往往是深入身体的时尚。例如减肥、健身、T字裤、耳洞、染发、美甲、修眉、美黑等。不断新兴的各种身体时尚中，蕴含的这种"深入"身体的要素异常浓厚。这样的行为，将无法通过其他媒介表达的、被封存的各种想法，集中凝聚在自己的身体上表达出来。

听说，感统失调的孩子有时会诉说"身体上满是洞"。

建筑与时尚

时尚设计师中有很多出身于建筑学，如让·弗朗科·费雷[04]和罗密欧·吉利[05]，日本的山下隆生[06]等。正如钢筋混凝土的建筑时尚比之柔软的纤维时尚，材质虽然相反，但两者有一个共同点，那就是建筑设计和时尚设计都在演绎身体空间。

可以说，布料包裹我们肉体，墙壁也护卫我们的身体。相较于其他生物，人类的肌肤毫无防护，就像被剥去了真正的外皮一般完全裸露。人类肌肤需要覆盖层，也需要防护的屏障。因此，衣服和建筑可以被看作身体的近距离屏障和中等距离的屏障（家庭也是一种屏障吧）。或许可以这样做类比。

然而，如上所说，如果我们把身体当作空间中一个有着包膜的肉体来考虑的话，从与身体的远近程度来看，皮肤、衣服、建筑就构成了身体由近及远的屏障。这是一种基于外部的观察者的视角来看的思考方式。然而，作为观

04　让·弗朗科·费雷：意大利时尚设计师，曾在米兰工艺大学学习建筑。曾任克里斯汀·迪奥的首席设计师，以建筑风格的设计著称。
05　罗密欧·吉利：意大利时尚设计师，从建筑学转向时尚，几乎自学成才，其设计展现出少女和少年般的独特天真风格。
06　山下隆生：时尚设计师，自学成才，创立 Beauty & Beast。1994 年在巴黎时装周上首次亮相，以新颖的创意和戏剧性的表演而闻名。

察者之前，我们首先是作为身体本身存在的。我们存在于身体所在之处。

土屋惠一郎[07]先生关于能剧中戴面具的描述非常有趣。

他说："听说有人觉得戴上面具后自己有种赤裸裸的感觉。戴上面具，就是从自己的背后审视并调整自己的姿态。戴上面具后，人就像被剥离出了身体，漂浮于观众的视线之中。身体作为具象的物体消失，位置也变得不确定，处于非常不稳定的状态。能剧独特的身体姿态正是为了应对这种不稳定，其舞台动作正是为了支撑这种体感的漂浮而设计的。"

实际上，从这一点看，面具其实就是真实的身体。我们虽然存在于自己的身体，但这个身体几乎无法进入我们自己的视野。作为身体的存在的自己，如此的不确定。在这种不稳定的状态下，我们采用了另一种身体姿态。"在这种姿态中，从内部重新集中力量群，重组身体中心，从而反推这种被动状态。"

与身体的这种"反推"相联系的还有衣服和建筑。

07　土屋惠一郎：明治大学法学部教授，杰里米·边沁研究者。从文化论视角研究法国思想史，对于能剧与西洋舞蹈的相关研究也有所建树，其著作包括《社会的修辞》等。

作为物体，身体和衣服的关系、身体和建筑的关系几乎是同时同步的，这很容易理解。比如，帽子与屋檐遮挡阳光；夏天为了避免汗水把衣服粘在皮肤上，僧侣们穿竹制内衣，而在传统木造房屋中，人们夏天打开隔扇，在庭院洒水以转换室内空气；还有神秘性感的内衣与隐秘昏暗的空间，二者颇有相似之处。或者这样的对比：用墙壁严格分隔房屋内外的西式建筑、紧密包裹身体的西装；通过可拆卸的建筑构件连接房屋内外的日式建筑、重视身体与衣服之间空气流通的和服。西式家具的设计师让家具（如椅子）适应身体结构，而日式家具（如坐垫）则是要让身体适应家具。

但真正的问题可能不在这些地方。问题在于，与不稳定身体的"反推"姿态构成联系的衣服和建筑的功能。比如，身体所在空间中，真正的"我"加入之后的密度和强度、"我"浸润其中之后的空气的气息和触感、力线的设计等。时尚设计和建筑设计都是空间的设计，而不是物体本身的设计。

室内设计与时尚

室内设计也有流行趋势。

20 世纪 80 年代，曾经有一段时间设计师品牌时装店和咖啡吧的标配是水泥墙、木地板和黑色简洁的架子。在店里，决定人的气氛、场所气氛的感受性的要素，比装修本身的完成度更重要。室内装修设计正是对人们置身于这种氛围空间中的感受的设计,也就是对都市皮肤感受的设计。

谈到时尚和潮流,大家都会立即想到衣服。然而在现代,可以说几乎没有什么东西不被潮流现象所卷入。歌曲和汽车的流行显而易见。化妆品、嗜好品(指烟酒茶等),还有室内、室外环境设计的潮流更新也很快。

以上话题内容有一个共同点,那就是身体环境的构成。最接近的身体环境当然是衣服,我们周围的小物件、家具、室内设计也是身体环境的一部分。

也可以说身体本身就是我们的环境。最近环境意识范畴已经扩展到人体皮肤和五脏,如皮肤护理、身体除臭以及体内净化(绿色食品、戒烟戒酒)等,已经流行起来并成为一种时尚。我们发现环境也可以迅速时尚化。

说到身体环境,也包括声音。我们的身体发出声音,这些声音营造环境。身体的声音包括语言和歌唱。流行歌曲和流行语通过声音的纹理和节奏决定我们的空间模式。

所谓时尚,就是一种感受很帅气的模式(令人愉悦和兴奋的模式)。现在,时尚能在纹理和质地的感觉层面上被最敏锐、最细微地感知到。对于衣服来说,就是衣料的质感(穿着舒适度）；对于食品来说，就是口感（嚼劲、舌感、吞咽时的感觉）；对于日用品和墙壁来说，就是它们表面或材质的触感。

对纹理和质地的敏感不仅仅指向物品，还指向人。例如，在灾区或护理设施中做志愿者，不仅仅是援助他人，更是将自己的面孔展现在他人面前，亲身近距离体验他人的感触。

最近，这种在近距离表现皮肤感受的照片非常受欢迎。比如拍摄和展现身体伤痕的石内都，怼脸拍的山内道雄，近距离拍摄性器官和花朵的荒木经惟，从侧面拍摄人物的长岛有里枝。他们的拍摄距离极度接近物体，甚至到了几乎零距离的程度。他们将物体本身的意义进行剥离，只是接近极端地呈现物体本身的肌理和质感。通过消除颜色，效果更加明显。这些作品都非常震撼，可以称为"触觉摄影"。

家具与时尚

关于椅子和坐垫的不同、沙发和床几[08]的不同，非常有趣。

椅子是根据人体形状设计的，结构上最能舒适地支撑身体。沙发也是这样，设计成柔软地包裹人体的形状。人只需将身体放入其中即可。

08　床几：带四脚的细长的木板。简单的小椅子。

相对而言，日式的床几（小椅子）和坐垫则像是地板的替代品，是毫无感情的平面。人们只能将臀部放在上面，身体则需要自己支撑。坐久了，脊椎会疼痛，只能前倾或将手放在身后做支撑。

日本人坐在椅子上时，双脚无法落地，内心会感觉不安。而西方人坐榻榻米坐垫时，双脚无处安放，腿也会麻木，他们会呈现苦恼的神情。

总而言之，椅子的设计是根据人体的形状来决定其结构的，而坐垫则需要人的身体来适应它。

同样的例子也适用于笛子类乐器。西洋乐器的长笛类似辅助踏板的按键是根据手指的构造而设计的，用以确定音调。而东方的笛子类乐器尺八和木笛则需要通过唇和下巴的配合来调音。

衣服也是如此。

B. 鲁道夫斯基[09] 曾说："东方的服装和西方的服装是两个相反的命题。"在其著作《和服的心灵》中，他提到："东

09　B. 鲁道夫斯基：建筑家、建筑史学家、批评家，其著作有《丑陋的人体》《没有建筑师的建筑》等。

方的服装不考虑身体线条。与此相对，西式服装则似乎是依照解剖学原理制作完成的。它们先被精细地按身体形状制作成型，然后加入内衬，就像是铸成了一副穿衣者形象的空心模具。当不使用时，这些衣服悬挂在衣柜里，就像被挂着脖子的人偶一样。"

对西方的女装设计师来说，如何用布料这样平坦的二维材料精确地包裹住曲线凹凸复杂的人体，并创造出有吸引力的线条，正是他们展示技艺之处。这也解释了为何高级定制时装必须是根据每个人的体型量身定做的。

再来看看和服如何呢？和服的结构简单到臻于冷淡，所有人穿的款式几乎相同。不过人们在具体穿着时会根据自身的情况来处理细节。下摆的角度、腰带的松紧都可以展现个性。相应地，和服可以在休闲时以宽松的方式穿着，而工作时则会穿得紧致，人们可以根据心情和体态来改变穿着方式。另外，和服可以折叠成一块极薄的长方体，便于存放。通过观察身体与衣服、身体与家具的关系，可以看到思维的不同。

再来说说关于食物的吧。炸物和天妇罗都是油炸食品，但由于两种料理在烹饪思维上的不同，使其成为两种完全不同的食物。仔细想来很有意思。

电视与时尚

街头时尚的主流现在与电视等媒体宣传的内容几乎同频共振。由艺人和歌手引领的时尚趋势，在流行剧、歌唱节目、视频片段、综艺节目中不断出现，直接感染了年轻一代。另外，在街头会突发性地产生某种异变般的时尚，这也会被电视充满趣味性地加以报道。

无论是多么小的群体变化，媒体都会挖掘出来（例如之前宫崎县的高中生脖子上系着印有学校宣传字样的廉价毛巾，后来成为突然的高中生时尚），仿佛其中蕴含深刻的意义，抑或假装认为它富于意义。然后，有人会去模仿这些时尚。任何细微的时尚信息都会迅速传播到全国。城市与电视媒体总是共谋关系。

与报纸和时尚杂志相比，电视的信息传播速度远超它们。毕竟不需要阅读，甚至不需要费神思考，只需影像和声音的播放，对于受众实在太方便。仅凭这些就能触摸到"空气"。我第一次知道"美黑"和"瘦成纸片人"的时尚也是通过电视了解到的。

如今，小区、街坊这种小型共同体几乎消失，电视取而代之成了信息流通处。传闻、八卦，乃至于奇闻和恐怖故事等，涉及整个城市内外的信息，都通过电视这一媒介流传开来。这种同质的神经线仿佛掌控了人们生活的全部。因此，包括住在日本的外国人、归国子女等，人们仿佛根本不需要了解这个国家的历史，只需通过电视了解这个国家的"世态"和"氛围"就足够了。

时尚的一个奇妙之处在于，人们希望与大家几乎相同，但又拒绝完全相同。几乎相同使得"自我"成为可能，而完全相同则会湮灭"自我"。如果自己与他人完全不同，人们会感到不安，所以人们会依赖电视来了解"世态"如何。但如果自己与他人完全相同，则彼此成为彼此的镜像，"自我"也无法成立。但人们绝不愿与他人完全不同，因此，人们无法移开对流行的关注。这是时尚的铁则。

因此，无论是朋克、垃圾摇滚、耳环还是金发，各种尝试出离社会的行为，都会很快被卷入"时尚"之中，成为"最近的流行"。"时尚"会将任何东西卷入"流行"之中。因此，流行趋势越来越短。人们拼命逃离"流行"，寻找没人尝试过的新奇风格，结果反而过度关注"流行"。这是一个恶性循环。我们大多数人都生活在这样一个封闭的世界里。电视的意义，不是向我们关闭世界而是帮助我们打开世界。否则，就应该关掉电视的电源。

自然与时尚

过去，人们对身体的化妆是模仿自然的。在自然中与自然抗衡，用鸟的羽毛和兽皮装饰自己，在皮肤上涂上花朵和蝴蝶般鲜艳的颜色。

随着服装文化的产生，衣服成为人体的第二层皮肤。于是，衣服紧贴皮肤的区域，即本来是身体外部的地方，成了衣服内部，成了"我"的隐秘部位。若有外物侵入则会让"我"感到不适，脱去衣物就等于把"我"置于毫无防御的状态。人的表皮从人体皮肤变成衣服的表皮，进而改变了人的情感方式。

人通过制作皮肤的复制品而将自己囚禁在新的皮肤之下。相应地，这个"新皮肤"通过打孔或开口，或改变外观，赋予身体新的意义。通过服装，人可以将原本丑陋的身体优雅地展示出来，还可以通过开口让部分身体露出，这比直接裸露身体更具诱惑性。通过衣服这一装置，比裸体更有魅力的裸露形成了。

"可以肯定的是，通过对皮肤的复制，新的文化诞生了。文化是物质被从 A 地点转换到 B 地点而产生的。如果没有转换,文化就不会诞生。"(多田道太郎[10])。如同"第二自然"的说法,转换为布料的新皮肤,可以被称为"第二皮肤"。

这也是服装(costume)和习惯(custom)有相同的词源的原因。

人出生时会本能地发出包含各种语气的声音。然而,当我们掌握了通过特定的元音和辅音组合形成的语言结构,就会忘记原本自然的发声。正如成年人受伤时大喊"疼",来代替自然的叫声"啊"。在自身存在中构筑了文化的我们,在这一维度上已经无法拥有纯粹的自然。虽然我们称自己为户外派或自然派,但我们乘坐RV车去营地和自然公园,穿休闲服,打开罐头,用商店买来的燃料烹饪。"自然"在我们的文化中被还原为一种想象而已。

生态时尚曾一度流行。我们称暖色系的沉闷颜色为大地色;在动物保护意识下,人造麂皮和皮草流行。生态时尚描绘的自然也是作为形象的自然,那里没有血液和辣椒的鲜红,没有硫黄和向日葵的灿烂黄,也没有天空和海洋的深邃蓝。作为形象的生态,给自然赋予自然温和的标签,塑

---

10 多田道太郎:法国文学家、评论家,京都大学名誉教授,曾主导现代风俗研究会,提倡风俗学、生活美学,著有《复制艺术论》《日本文化的手势》《游戏与日本人》等。

造人类与自然共生的印象,实际上是低估了自然的反生态行为。

与其浪费时间,我们不如关注我们自身的自然(英文称为 human nature,即人性的自然)。比如,人类对自然环境的破坏自不用说,人性中甚至包括可以杀戮同胞的可怕"自然"(本性),我们又该怎样面对?或者说,更多地去思考科技的可能性。比如水洗绒,天然材料中不存在的这种极细纤维,它为人类感官开辟了新的领域。我们可以更多地去思考这种技术的可能性。自然的包容性比我们想象的要深得多。

宗教和时尚

僧侣的服装,无论是华丽的还是质朴的,都非常引人注目。法王的服装、祭司的服装、尼姑的服装、修行僧的服装,这些服装几乎完全包裹住身体,颜色则多为黑、白、黄等极具象征意义的"异色"。再加上剃发后与普通人不同的发型,他们作为抛弃世俗生活、超越俗世,与俗人不同的"异形"的存在,只需从外表来看就一目了然。

然而,这种异形存在也有明确的构成规则。衣服的形状、颜色、搭配方式、念珠等,各个细节都有宗派的特点,成为其区别其他宗教团体的标志。这其实也是典型的制服。

总之,作为"异形"存在,他们才与这个世界的外部相通,而制服则将他们定性为这个社会内部的一个特殊群体。

从外表的角度来看,服装和宗教的关系如上所述。然而,穿衣不仅是让他人观看的,也是为了穿着本身。那么,穿衣、化妆等行为与宗教又是什么关系呢?

世界超越了我们的理解。作为世界一部分的我们自身,也超越了我们的理解。宗教或许是一种与这种不可解、超自然事物交往的技法。解脱、救赎等虽然是宗教用语,但实际上解脱是尽量将自己从自身中解放出来,而救赎则是将不同于自己的东西引入内心。这两个词的理解方式是我的宗教学者朋友植岛启司[11]教给我的。

他说,宗教是在看不见的事物包围中,宛如梦境一般的生活中,"将所有事物缓缓联系起来的联想的技艺"。宗教教义也是这种联想或解释的一部分。更有趣的是,与其说是解释世界,不如说是一种把自己完全托付给世界,或者让自己被世界绑架的自我陶醉(脱离自我)的技术。

宗教是一种为超越自我的事物打开通路的技术,因此宗教中常伴随着修行、冥想、舞蹈、香道等身体训练和感觉

---

[11] 植岛启司:宗教人类学者,著有《精神分裂者的舞会》等。

训练。为了进入自我陶醉的状态中，通过宗教仪式，人们尝试将自我从习惯性的生理节奏中剥离出来。断食、失眠、禁欲、异样的香味和声音，或是舞蹈带来的身体运动的执着反复。在感觉的摇晃中，人们进入恍惚或陶醉的状态，被世界绑架并沉醉其中。

时尚几乎也是同样的道理。时尚仿佛是一种制服，它让人们一起沉入世界的内部，但同时也试图将人带去这个世界的外部。它仿佛在劝说人们"成为一个特别的存在吧！"时尚与其说是在人们意识中进行的，不如说是通过视觉、皮肤感觉等全感官进行的贯穿身体内外的活动，是一种变身的技巧。

如今流行演绎素颜的自然妆，但其本质仍然是化妆。作为非日常的异装，化妆的最初目的不是美容，而是变身成为鸟兽或灵的变身法，是接近于巫术的法。因此，英语中的美容和化妆一词"cosmetic"与"宇宙的"（cosmic）同源，均来自于"宇宙"（cosmos）一词。

然而，现代时尚的服装和化妆已经不再是让自己成为另一个存在的"变身"媒介，而是展现自己另一个形象的单纯的"装扮"手段，削弱了自己的力量，仅此而已。因此，在现代，时尚和宗教的关系变得不那么明显了，但原本时尚和宗教几乎是同质的身体表演。

性与时尚

每个人都知道,当人们意识到自己的性别时,动作和打扮在其中起着重要的作用。

穿内衣、穿裙子、化妆,或是穿裤子、系领带、剃须,这时候人们都会意识到自己的性别。平时我们可能不会特别注意自己的这些行为,但比如某天当你将腿上的黑色长袜向上卷起时,或许会突然思考,为什么自己要这样做?

事实上,有很多女性从小就觉得并不喜欢自己被赋予的"女性"的身份,觉得自己绝对不会(不能)穿裙子,不会(不能)穿带有褶边的衬衫。这种不适感随着年龄增长而增强,有些人最终喜欢上了男装。还有些人甚至更进一步,选择进行性别重置手术。

即使没有达到这种程度,比如现代女性为了参加朋友的婚礼而精心化妆,穿上华丽的礼服时,她们中很多人一定会觉得自己仿佛在特意穿"女装"。

至少,从形式上看,衣服反映出的性别差异远大于男女实际身体结构的差异。而且,衣服的性别差异极大地影响了男女身体动作的差异。比如坐在椅子上时是双腿并拢还是分开，坐在榻榻米上时是伸腿坐还是盘腿坐。服装和动作的性别差异具体地塑造了每个人的性别意识或性别关系。

无论哪个时代，大部分的男性和女性都会遵守这些社会性别规范，逐渐形成符合自己性别形象的装扮。然而，到了性别意识开始发生深刻变化的时代，人们会逐渐感受自身的着装愿望与周围人的期望之间的差异。正如前面所说，如今有些女性穿上非常女性化的服装，会感到自己在特意穿"女装"，也正是这个原因。

当然，这种自我演绎有时是因为情势所迫不得已而为之，有时则是作为诱惑的战略主动而为的。比如女性穿上开衩的性感衣服，让男性心猿意马；或者让身体呈现 S 形曲线，或摆出甜美的表情……或者说，完全摒弃"女性"特征，穿上非常男性化的衣服。然而，在这种情况下，形象的偏差反而会更加突显女性特征。很多女性也意识到了这一点，她们穿黑色长裤和皮鞋。这样的演绎并非只有一种途径。

几年前，Comme des Garçons（川久保玲[12]创立的品牌）推出了一款女士时装系列，名为"预感：如透过树叶

12　川久保玲：时尚设计师，她从庆应大学文学部哲学系毕业后，曾任工厂勤务、造型师，1973 年创立了品牌 Comme des Garçons。1981 年进军巴黎时装周。一直以来，她对年轻设计师和艺术家们产生了深远的影响。

的斑驳阳光般逐渐消失的女性气质"。服装系列的造型一半是浅灰色西装。婚礼礼服造型是男式晨礼服，外套和裤子之间搭配了一条蓬松的蕾丝裙。这种风格中既有女装元素也有男装元素，结合了两者中帅酷的部分。当时，模特们看起来非常性感。

性别意识和时尚的共犯关系根深蒂固。很多人因此深受伤害。然而，这也是男女之间轻松的欺骗游戏。

老龄与时尚

壮年时，人们努力工作以期在老年时过上富足的生活。到了老年，便会心满意足地认为因为年轻时的努力，自己才能过上这样富足的生活。然而，与本人预期的恰恰相反，这种生活方式也许是非常贫乏的。

在这种生活方式中，现在的意义总是与不存在的未来或过去联系起来。比如，"为了富足的老年"或"因为年轻时的努力"……无论哪种情况，当下的意义似乎都不是因当下的东西产生的。唯独当下变得黯然无色。真正到了老年，好不容易从工作中解脱出来，照顾父母的责任也结束了，终于可以成为"时间贵族"，可以完全为自己而支配时间了，然而事实上却常常无所事事或沉浸在回忆中，这真的很让人感到遗憾。那些所谓的"认真"人，年轻时为未来做了充分准备,然而真正到了老年以后,发现这个生命阶段难以有更远的未来,所以会变得难以发现自己所做事情的意义。

而反观那些所谓"不认真"的人,从年轻时起就不只专注于工作。他们对兴趣、玩乐和交友也很热衷,因此即便失去了某一方面,也不会对其整体有太大影响。因为他们不把人生看作一条直线,所以不会总是面临绝对的选择。因此,当时间宽裕下来时,他们会有种解放感,他们会从公司沉闷的制服中解放出来,穿上更加明亮的服装。

虽然有"渔夫终生竹一杆"或"终生一捕手"*等格言,但生活不是"不是这就是那"的单选题,还有可能是"既是这又是那"的多选题。选择过这样生活的人,会一直对服装感兴趣,持续捕捉时代的气息。

前几天,我在一家奢华酒店里的品牌店看到一位大约八十岁的老年男性,在家人的陪同下坐着轮椅来选购衣服。这样的人不会嫉妒年轻人,也不会刻意打扮让自己显得年轻。嫉妒年轻人的人,羡慕年轻人具备的活跃的生产力,他们也应该意识到,自己接下来如果像年轻人那样追求未来的可能性或许只是徒劳。

---

* 渔夫只要有一根鱼竿,就能维持一辈子的生计。意思是人生只要掌握一门技术,一辈子就无忧了。——译者注

那些往年轻打扮的女性，她们可能只把自己所经历的过去的时间视为自己身体衰老、下降或退化的罪魁祸首。因此，她们试图冻结时间，就像做防水加工一样给自己化厚厚的浓妆。然而，真正美丽的面容或身体，自己独有的面孔和身体，其实是时间无法抹去的。没有经受岁月洗礼的毫无愁苦和哀伤的面容，是根本不存在的。

时尚意味着不过度为过去或未来牺牲现在的生活方式，因此每个生命阶段都应该有其独特的时尚。应该有更多样化的时尚来让每个年龄段的人都能闪耀自己的光芒，而不是通过化妆和服装来掩盖年龄。紧致光滑的肌肤固然美丽，但刻有小细纹的、在时光深度镌刻下有着钝光质感的皮肤也很棒。如果没有这种对时间的完全敞开的感受力，衰老就会一直困扰我们。

民族与时尚

"什么应被视为一国的国风，这并不是一个容易回答的问题。"这是日本民俗学者柳田国男[13]的话。

确实，没有哪个民族像日本人如此快速地舍弃了自己的

---

13 柳田国男：民俗学者，致力于对民间传承的研究，创立了民俗研究所。他在日本民俗学方面取得了卓越的成就，著有《远野物语》等。

民族服饰。即使是销售和服的人，也很少看到他们穿着和服工作。和服显然已经成为非日常的穿着。然而，这并不意味着它已经完全被西服所取代。例如，和服里面穿衬衫，或和服搭配靴子；或西裤搭配木屐和和服腰带，腰带上别着手绢。日本人在引入西服时，从一开始就加入了各种富于日本元素的改动。若从西方服装的规则来看，这些都是偏离和违规行为。

那么，如果说起人们日常穿着的衣服，而不是正式场合穿着的华服和礼服，那么可以说现在在这个地球上几乎所有地区穿着的都是"西服"。男性穿西装、T恤、牛仔裤，女性穿连衣裙或半裙。男女的性别差异通过服装被如此强烈地对比呈现出来，这就是西式服装的特点。西装和连衣裙发源于欧亚大陆的西端，瓦莱里[14]称之为"海岬"的地区，经过长时间的发展和改良，如今已经被全世界的人们所穿着。可以说，西服已经全球标准化了。某种在特定"文化"中孕育的东西，成为现代"文明"基础的组成部分之一。

当人们换了衣服，身体、姿势、举止等也会随之改变。走姿、坐姿、行为举止、回头的方式，甚至手指的动作和手势也会改变。比如，九鬼周造在《"粹"的构造》中描绘了花街艺伎"粹"文化，诸如柳腰、后脑发髻、合服后领露出的

---

14 保罗·瓦莱里：法国诗人、评论家、思想家，著有《与纳斯特的夜晚》《年轻的公园》等。

脖颈、和服左下摆隐约露出小腿这样的妙曼姿态。这样的文化，都会随着和服的消失而消亡。

然而，女式服装在发展进化过程中，有的吸收了男款长裤元素，有的受到布料简单的亚洲服装文化的影响，逐渐演化出了宽松的长款连衣裙。过去穿着紧身裙和高跟鞋小步走路的姿态、双膝并拢稍微斜着的坐姿等，原本"女性化"的行为举止也会发生很大的变化。

像这样，在多种服装文化相交融的地方，人们的行为方式也会受到很大的影响。在20世纪后半期，这种多种服装文化的交融速度大大加速。以巴黎为中心形成的世界时尚中，西式服装占据了主导地位，服装文化的混融（杂交）剧烈地发生了。与此同时，"民族风味"也逆向渗透到西式服装的结构中。例如，尺寸更加自由、非对称的形状、更多变的穿着方式、"空气感"剪裁、宽松感和间隙感等元素。在西式服装文化中本来被否定的和服穿法，被不断引入其中。

巴黎的老字号时常会迎接来自外国的设计师。香奈儿迎来了德国人卡尔·拉格斐[15]，迪奥迎来了意大利人詹-弗

---

15 卡尔·拉格斐：德国出生的时装设计师，14岁移居巴黎，历任皮埃尔·巴尔曼、让·帕图的助理，积累了经验，后独立负责克洛伊的设计，也担任香奈儿和芬迪的设计师。

朗哥·费雷，纪梵希迎来了英国人约翰·加利亚诺[16]和亚历山大·麦昆[17]，爱马仕迎来了比利时人马丁·马吉拉[18]。同时，高田贤三（Kenzo 创始人）也被公认为巴黎的设计师。如此，西式服装成了"世界服"。正如从披头士出道开始，流行音乐让世界处于同步状态一样。

这样，时尚交叉融合了不同的文化传统，轻松地跨越了它们的间隔。我们的感官越来越打破所谓如西方文化、日本文化等的"具有内在统一性的完整文化"这一幻想。

犯罪与时尚

抢劫、暴行、杀人者、跟踪狂。提到犯罪，我们立刻会想到面具和伪装。歹徒戴的面罩或面具、用于伪装的眼镜和假发、妆容等，都是典型的例子。犯罪者为了隐藏或伪装身份，会遮盖代表其人格表征的脸部，或者改变衣着。

---

16 约翰·加利亚诺：英国时装设计师，曾任职纪梵希的创意总监，后为让·弗朗索瓦·费雷的继任者，成为迪奥的设计总监。
17 亚历山大·麦昆：英国时装设计师，继约翰·加利亚诺之后担任纪梵希的设计总监。
18 马丁·马吉拉：比利时时装设计师，毕业于安特卫普艺术学院。他作为反时尚的旗手，以"贫穷"和"破烂"风格引起轰动，曾担任爱马仕的设计总监。

在剽窃时，小偷做出虚假的面部表情和动作不是为了伪装身份，而是为了不被看穿意图。不只是表情，化妆改变眉形也是其中一种。因为眉毛能细微地反映人的情感，所以人们剃掉真实的眉毛，画上假眉。据说，古代的皇族为了对抗军阀的权力，需要隐藏自己的真实想法。因此，他们在真正的眉毛上方，表情肌的终点处，画上蚕茧形状的眉毛。与长眉不同，茧形的眉毛形状缺乏变化，因此呈现出面无表情的样子。另外，蓄长发也是为了隐藏表情。

隐藏身份，意在让人无法认出"是谁"，即伪装。因此，在陌生人能够近距离接触和生活的城市中，露脸行走成为避免公共危险的规则。据说在英国有些城市禁止人们戴面具外出，否则会受到惩罚。

以上是从加害者角度来看犯罪与时尚的关系。但如果从受害者角度来看，会发现不同的问题。

衣服被称为第二层皮肤，这是一种易懂的比喻，几乎成了陈词滥调。所以，衣服与皮肤之间的空间（即使是在我们真正皮肤的外部）也构成了一个人的内部。因此，未经允许擅自触碰他人的衣服，就像触碰他人身体一样令人不快，因此也构成犯罪。在现代医疗普及过程中，过去曾经有很多女性抗拒听诊器的诊断。因为被陌生男性医师接触衣物，就意味着触碰肌肤。

人们有时会因被强迫穿上不适合的衣服而受到伤害。被迫穿上自己无法接受的衣服，可能会使自尊心受损。女性若无法适应象征性别的服装（如裙子），总是穿裤子，就可能遭受他人的冷眼或嘲笑。衣服不只是外表，而是人们塑造自我形象的一种方式，因此，评论某人的服装几乎等同于对其进行人格评价。人们因服装被评判，并因此感到受伤害。我们与外界的边界，不总是皮肤。被陌生人侵入自己的空间，显然是一种暴力。被人触碰衣服，甚至是评价着装，也可能让人感到极度不快，有种被入侵的感觉。很多男性对女性的性骚扰，往往是由于缺乏这种认知而无意造成的。

战争与时尚

恐怕没有什么能像战争那样剧烈地撼动人类的身体和情感。当死亡临近时，我们的身体会颤抖；在风雨交加的战场上，浑身沾满泥土和水，皮肤被灼伤、擦伤、腐坏，血液渗出。情感在恐惧和兴奋之间剧烈波动。因此，战争元素总是迅速影响歌曲、运动、街头时尚等身体文化。

谈到战场上的服装，首先能想到的就是迷彩服。迷彩服是一种为了混入周围环境、隐藏身影的衣物。

军装本来是为了明确所属而存在的。在敌我混战的局部战斗中，为了能够一眼区分敌我，需要用显眼的颜色统一我方军服。这和橄榄球或足球的队服是一样的。

然而，从越南战争开始，游击战和闪电战成了战斗的主要形式。前者需要隐藏在丛林中不被敌人发现；后者则需要避免被远程通信网络捕捉到，成为攻击目标。出于这些理由，迷彩服应运而生。

不仅仅是军装，战车的车身也涂上了迷彩。如果是战斗机，从下面看是接近天空颜色的淡灰色，从上面看则是与丛林相同的绿色的双色涂装。

时尚与战争的结合，始于越南战争时期。爱与和平的反文化运动*，特意将短发、健壮的身体、迷彩服这些要素结合起来，塑造成时尚的士兵形象并加以呈现。类似于南北战争时期那样颜色鲜艳的军装风格[19]，或者搭配长发、迷幻风格[20]的色彩斑斓的衬衫出现了，这些都是对迷彩服的戏仿。这种时尚大大提升了大众对军队和迷彩元素的向往。

到了 20 世纪 80 年代，迷彩服等军队周边或其仿制品

---

* 20 世纪 60 年代中后期，在资本主义的物质与政治危机下，反对或挑战主流文化的价值观、规范和实践的文化运动。——译者注
19　军装风格：从军服中获得灵感的时尚，流行于 20 世纪 60 年代。
20　迷幻风格：由 LSD 引起的幻觉或陶醉状态下所见的极彩色或形状。

重新逆流回城市时尚中。军装风格确实能让人感到英雄气概，同时也营造出与优雅相对立的反时尚气氛。在20世纪80年代后半期，它作为反时尚的一种形式，如同垃圾风格那样，与设计师品牌现象的退潮并行出现。

迷彩服原本是为了伪装自己的存在，但人们之所以在城市中穿着，是因为在海湾战争时，当时的人们以一种游戏的感觉通过媒体接受了迷彩服，同时也开始意识到城市是"看不见的"局部战争的现场。各种侵蚀和破坏身体的城市暴力中，人们会通过让自己的存在变得不可见来保护自己。正如通过隐藏面貌和伪装身份可以做到平时不可能做到的事情一样，人们通过伪装自己的存在来进行反击。

II

穿着哲学上街

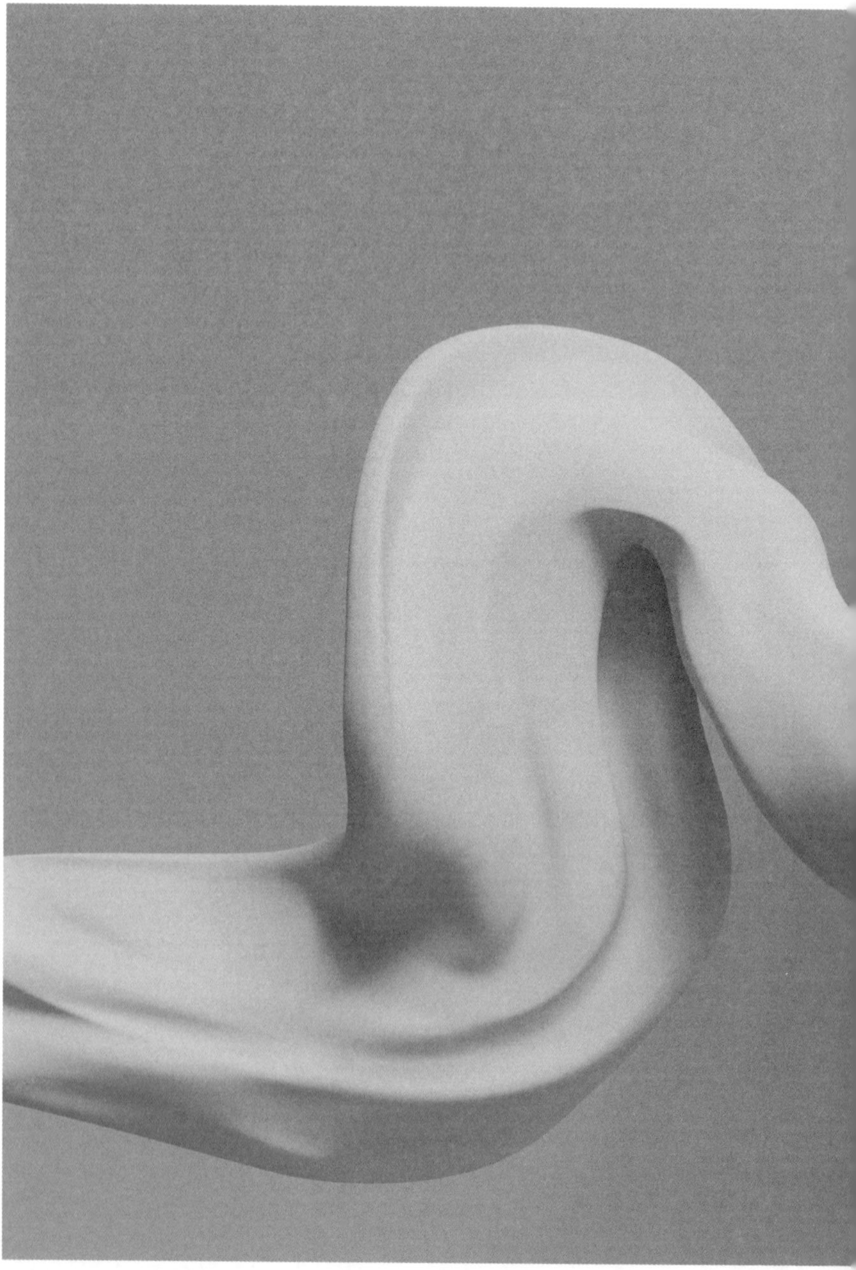

1 身体小宇宙

空间学

我的身体表面到底在哪里呢？一般来说，大家都会回答是皮肤。

有人说身体就是"body"，这么说也对。但"body"这个英文词首先有"物质体"或者"躯干"的意思。例如在天文学中，天体被称为"celestial bodies"。因此，当需要特指人类的"身体"时，就必须特意称之为"living body"（生命体）或"human body"（人体）。

不知从什么时候起，街上开始出现挂着"Body Shop"招牌的店铺。"Body Shop"最初是指汽车车身修理厂，在俚语中则是指妓院，所以看到女性进入那样的店铺时，会产生一些奇怪的联想，感到有点儿尴尬。

说起来，身体表面真的就是皮肤吗？如果我不把自己仅仅当作物质体的存在，而是把"body"当作自己的所属物，当作自己的一部分来理解的话，从这个意义上来说，衣服的表面就是我们身体的表面。如果有人突然把手伸到我们衣服里面，不管是谁都会感到非常不愉快。虽然衣服下仍然是我的皮肤外部，但我们却不觉得那是我们的身体外部，而是身体内部。因此，如果有人把手伸进我们的衣服里，我们会有被侵犯的感觉。因为对于人类来说，皮肤的感觉已经从真正的皮肤转移到了衣服的表面。当然，这也取决于情境。比如在海水浴场，穿着比基尼，肌肤几乎裸露，那么皮肤也真正成为我们的表面；如果是和恋人在一起，对方把手伸进我们的毛衣里，或者内衣里，手指在那里触碰嬉戏，那将会是一段令人陶醉的愉悦时光。

同样的道理也适用于围绕着自己的外部空间。在咖啡馆，如果被要求与人拼桌，大家都会选择坐在对角线上的椅子上。如果是家人，即使靠得很近也不会觉得烦恼（父母除外）。但如果是陌生人靠得这么近，就会令人感到紧张。在教室里，如果有人先坐到了自己常坐的椅子上，而且是平时不怎么来上课的人，我们会感到非常生气。相反，当我们进入他人的私人空间时，会感觉到那个人的身体和情感已经渗透到房屋室内陈设中，这会让我们感到不自在。

这种与他人之间的距离感、亲疏的空间感的研究被称为"空间学"。在现代都市生活中，这种空间感经常被扰乱，给我们积累很大的压力。例如，我们在电车里不得不与陌生人紧贴在一起时。应有的距离被压缩，空间变得扭曲。或许，在进行办公室等空间设计时，应该更多地考虑如何应对这种空间扭曲。

边界

提到日语中的"際"（边界），通常是指物与物之间的间隔，或某物与另一物发生接触的地方，或者某物不再成为其本身的地方。

例如日语的"髪の生え際"意思是发际线，"海の波打ち際"指海浪拍打的岸边。再如"汀"和"水際"，指的是陆地与水面交界之处，也就是水岸边。同样的道理也适用于时间。"今際の際"指的是临终之际，生死的边界。

"際"是危险之处。因为它是与异物发生接触的地方，是自己开始变的不再是自己的地方。但也是能量异常充沛的地方。

"水際"，即水岸边，是植物生长最旺盛的地方。为了防灾，有时人类将水岸边用水泥封筑，这无疑是对自然生命极大的破坏。

日语的"際疾い"，指能量沸腾的、极其危险的地方。对于城市来说，郊区和城区的交界地自古以来就是这样的危险之地。

对于住家来说，门槛处就是"際疾い"之处。门槛是被放置在门口作为区分家内外界限的一条横木。在日本，如果有意踩门槛，据说会招致邪魅。分隔内外的门槛，过去被称为"閾"。日语中，有意识的和无意识的边界被称为"識閾"，也是源自于此。

说起来，英语中的"critical"一词也有这样的含义。"critical"通常被译为"批判的"，但"critical period"指的是更年期，而"critical illness"指重病。正如"criticism"（批判）意味着区分正确与不正确的行为一样，生死攸关的危机或决定天下命运的重大时刻被称为"crisis"。两者的词源是相同的。

然而，如今的建筑在"際"和"閾"的意识上已经相当模糊了。

房屋内外的区别变得不再明确，私人房间的密闭性和家的封闭性似乎逐渐在消失。甚至，无边界的，或者说内部性和私密度由内而外如同渐变一样溶化消失的空间构成，不知从何时开始成为一种时尚。比如，在建筑中，将房子的外墙纹理直接引入内部设计，将裸露的混凝土外墙（然而，实际上并不是真正的粗糙的水泥墙，而是表面经过光滑处理的修饰性墙壁）用作房间的内墙。就像年轻人故意把毛衣或衬衫反穿一样。

人我之间的边界、内外的边界、公私的边界,等等,生活中的各种墙和边界,正在被质疑和重新定义。

扩张与收缩

我们的身体到底能扩张到什么程度呢?这里并不是指身体自身的扩张,而是通过工具或装置使身体能力延展,身体和这些工具或装置连接并延续。例如拐杖扶手、汽车方向盘,甚至是电视的转播现场,或者手机。我们通过手机将自己延伸到对方所在的地方。此时我们超越了作为物质的自己,并感知到其他的东西。

相反,当自我萎缩和失去的时候,有时会感觉身体缩到了比身体皮肤更深更内部的地方。或者感到心情郁结,好像被某种沉重的东西压抑着。

身体的扩张与收缩是一种相当复杂的感觉,扩张和收缩都可能让"自我"感到解放,也可能让"自我"感到消失。

例如,当赤裸地漂浮在海上时,有时会沉浸在极大的放松感中,但也有可能感到极度无助。你或许听说过一种叫作"浮力舱"的装置,它是一种装有与人体温度和比重相同液体的密闭舱,用于放松。当进入其中并切断视听信息时,只需要一小会儿,自我与周围液体的边界就会变得模糊，身体的边界也变得不再清晰。这时，我们有着一种仿佛融入世界的快感，这种感觉令人陶醉，但有时候也会陷入深深的不安而全身颤抖。我听说长时间潜水时也会有同样的感觉。

人们在开阔的草地上会感到爽快，裹在被子里会感到安心。我们既有幽闭恐惧症，也有广场恐惧症。

最终，我们是想要打破自己的界限，还是想要闭锁其中呢？可能两者兼而有之。因为我们可能既想成为自己，也想不再做自己。伴随着两种情感的包裹，我们的身体或扩张、或收缩，这就是所谓的活着。

服装和室内装饰演绎了摇摆的"自我"的中间阶段的状态，既能放松身体，也能束缚身体。我们既喜欢宽松的衣服，也喜欢紧身的衣服。我们喜欢柔软的沙发，有时也想坐在硬木椅子上。这些行为都是对我们从身体深处萌发的深刻情感的回应，或与之共振或加以抑制。

17世纪的哲学家斯宾诺莎[01]曾说："我把情感理解为身体的感触，这些感触使身体活动的力量增进或减退，顺畅

---

01 斯宾诺莎：荷兰哲学家，主张泛神论，对之后的德国哲学产生了巨大影响，著有《伦理学》《知性改进论》等。

或阻碍。而这些情感或感触的观念同时亦随之增进或减退，顺畅或阻碍。"衣服和室内装饰的功能是为了回应这种感情，而不是单纯地适应作为躯体的人体形状或功能。

接口

如果称我与我以外的事物接触的面为界面（接口），那么我与非我的界面就是由多个界面构成的。

洗澡时，皮肤就是界面。平时与他人接触时，衣服的表面就成为界面。房屋内饰可能是个人私生活的表面的呈现，而外饰则呈现了家庭生活的表面。在此延长线上，城市的风貌构成了我们社会生活的皮肤。

过去，我们身体空间的形象是以身体所在的"这里"为中心逐渐向周围伸展和扩散的。然而，如今这种身体空间的透视法已经不再那么中规中矩了。

例如，本应是私密空间的卧室，电脑里却开放着作为"广场"的互联网的空间。这个"广场"比我们居住的区域空间要大得多。另外，如今行走于繁华街道时，刺激人们消费欲、性欲的符号和设施随处可见。这些符号刺痛着我们，使我们感到如同在私密的空间中偷偷翻阅情色书刊或服务目录时一样。到底欲望是从自己内心涌现的呢？还是被某种力量激发的呢？如今，这种区分已经不清楚，但欲望是真真切切的。

在英国举行的高尔夫球锦标赛上，当我们屏息凝神地看着在果岭上的推杆瞬间，在那异常的宁静中，能听到虫鸣声；当我们通过安装在直升机上的摄像机，盘旋于搁浅船只上空观看海面时，会感到目眩恶心；我们阅读来自远方的邮件时，心情激动……。

麦克卢汉曾描绘即将到来的媒体社会为"颅骨之外有大脑，皮肤之外有神经的生命体"的社会。但被媒体内包的城市，已无法再以"我这里"为中心的透视法来演绎身体空间形象。

观察一个便利店，这种透视法的错综复杂便一目了然。便利店的商品陈列并非由店员决定，而是由与收银相连的信息中心所指示的。对于消费者来说，他们从便利店的货架拿取自己想要的商品，就好像在使用自家的冰箱或抽屉那样自然。时装设计师设计的反穿的衣服，建筑师设计的内外套嵌的空间，都象征着这种错综复杂。

大步行走

我自己走路步伐很快，但最近有时会被比我矮的女性超过。原因很明显：她们步幅大，步伐比我快。

感觉大步行走的女性越来越多了。她们穿紧身裤，穿宽松牛仔裤，穿飘逸的长裙，穿迷你裙、裸露双腿。不管是哪种，她们的脚步都迈得很大。

曾几何时，小步行走是女性的魅力之一。女性缠足[02]、穿木屐、穿高跟鞋，人们对小脚的赞美习俗历史悠久。不稳的或细碎的步态，自古以来便是女性展示诱惑魅力的技巧之一。高跟鞋的形状完全不匹配脚型，因此会让脚趾严重变形，还可能使脚后跟摩擦受伤。这样看来，高跟鞋似乎是特意设计来让人难以行走或引起受伤风险的，但却吸引了很多女性穿着。其原因之一在于，能使腿部显得修长。然而更重要的是，女性们在无意识中了解到，步态的不稳定是引人注意的极大亮点。

不过，这种定式正在被打破。大步行走的姿势、双腿分开的站姿，或是将重心置于单腿，略微扭腰抱臂的姿势，都能展现女性魅力。"堂堂"（英姿飒爽）和"凛凛"（神采飞扬）不再是男性专用的形容词。另外，挎包变成了双肩包，女性的双手解放出来，这也是她们大步行走和交叉抱臂等姿势增多的原因之一。

02　缠足：古代为了不使女性的脚变大，从小孩时开始，将除拇指外的脚趾向后弯曲，用布紧紧包裹，抑制发育的习俗。

过去，女性们穿摇曳的裙子、小巧的皮鞋，小步行走，她们通过穿"女装"，成为"女人"。但自从20世纪60年代迷你裙出现以来，一切开始改变。迷你裙适合直筒身材，接近女性成为"女人"前的少女体型，是对"女人"形象、"母亲"形象的颠覆。

如今，穿裤子大步行走的时尚是女性自由选择的结果，她们不愿被固定为某种性别形象。尽管穿裤子有时比穿裙子更显女性化。

身体设计

最近，身体设计已成为时尚需求之一。

以前，人们认为伤害父母给予的身体是不可接受的。有句老话说："身体发肤，受之父母，不敢毁伤，孝之始也。"旧制高校的宿舍生恶搞，将其改为为"寝台白布，受之父母，不敢早起，孝之始也"，把纸贴在床上，逃避早课。

如今人们的观念已经改变。身体是自己的，如何对待自己身体是自由的。

不仅仅是身体穿孔，如在鼻子、嘴巴、眉毛、肚脐等部位打孔等，现在人们对在体内植入树脂等材料进行人体加工的抵触感也逐渐减少。如果我们回顾人类对身体加工的惊人历史，就会发现现代人这些行为也不足为奇。

"每次穿孔后，都会感觉自我飘飘下坠，变得越来越轻。"这是宫台真司[03]在其著作《活在无尽的日常》中引用的一位年轻人的话。通过在身体上穿孔，似乎让他们感觉到自身的存在变得轻盈了。

当自我陷入"只能这样，无论做什么都无法改变"的郁闷中时，在身体上穿孔会引发情绪变化，甚至会感觉原本不可改变的身体像衣服一样可以更换。这种解放感构成了穿孔行为的一部分原因。

无论多么具有挑衅性的服饰最终都会被城市时尚所吞噬。在这个过程中，年轻人已经不满足于改变外表的形象，而是通过寻找这种新的身体感受来为自己的情绪寻找突破口。

装饰身体

围绕身体穿孔，存在一些相当有趣的问题。比如，眼泪、汗水、耳屎、尿液、粪便，这些从人体孔洞中排出的物质中，

---

03 宫台真司：社会学家，东京都立大学副教授，主要从事现代年轻人的社会分析研究，著作包括《权力的预期理论》《亚文化神话解体》等。

为什么唯独眼泪不被认为是脏的？这真是一个谜。此外，还有一个与装饰相关的奇怪现象。

在现代社会中，能够彩绘或佩戴饰品的身体部位是有限的。最容易联想到的是眼睛周围、耳朵、嘴巴。这些部位的共同点在于它们都是身体的开口。人类学有一种说法，人们认为在这些危险的部位涂上鲜艳的色彩或装饰闪亮的金属配饰，可以防止恶灵侵入。当然，我们很难相信这种巫术意义在现代社会中仍然存在。对此，我有另一种看法。

身体的孔洞也是感觉的基座。它们是视觉、听觉、嗅觉、味觉的器官。或许，我们对这些器官周围的部位进行装饰是为了让身体更好地、更全方位地接收宇宙信息。这样一想，触觉最重要的部位是指尖，涂指甲油就可以理解了。化妆（cosmetic）的词源来自希腊语"宇宙"（cosmos）也能理解得通了。

不过，这个解释似乎有点过于理想化了。头和脚趾的装饰又如何解释呢？它们既不是孔洞，也不是感觉器官，却仍然被装饰。

试试重新思考一下。涂色或戴首饰的部位都是距离"我"很远的身体部位。比如，指尖和脚尖是距离头很远的部位。还有眼睛、嘴巴、耳朵、脑袋，从人无法直接看到这些部位这一点来看，也可以说这些部位距离"我"更远。

这种相隔甚远的距离让我们有种无法掌控感，但若就这样将其暴露在他人面前，极其没有安全感。所以，我们把这些部位充分装饰，好置于自己的控制之下……可是，自我能否就此安定下来呢？

象征性的切断

对于街头流行的吊带裙，大家总是关注其暴露度。但这种裙子还有另一层让人深思的含义，用稍微复杂的表达来说，那就是"身体的象征性切断"。

我们的服装有很多令人费解的层面。领带、紧身胸衣、项链，为什么服装总是带有束缚的形象？为什么女性化妆总是只在脸部的孔洞处？为什么装饰品总是使用金属、矿石、野兽或爬行动物的皮毛等非日常材料？为什么人们总是遮盖身体的特定部位？

如今的女性已经不常穿黑色胸罩、吊袜带和长筒袜三件套，但为什么却仍然让男人感到性感？为什么衣服边缘露出的自然皮肤对人如此具有吸引力？事实上，女装设计师最关注的，的确是领口的深度、袖子的长度和裙子下摆的位置。

黑色的线条在身体表面构成切割线，分割身体表面。法国社会学家让·鲍德里亚[04]认为，这种"身体的象征性切断"正是时尚的本质。从这个角度看，口红和眼线是为了从周围切分出嘴唇和眼睛的线条。指甲油和手链的功能也同理。

　　为何将身体雕琢和切割的行为具有性的诱惑力，关于这一点曾经引发各种讨论。答案先放在一边。有个可能是，人们通过想象中的身体切断，巧妙地消解了人类更深层次的可怕欲望。

　　吊带裙挂肩的两条很不牢靠的细带子和胸前横亘的领口线，大概也是起这种作用的线条吧。

身体的梦想

　　在京都国立近代美术馆举办的"身体的梦想"展览，有个副标题叫"时尚OR隐形束腰"。"身体""时尚""束腰"这几个词的组合，使人联想到这是一个以身体、内衣和服装关系为主题的展览。的确，欧洲束腰的历史——这种在要害处束缚女性身形并大幅度夸张的历史——确实是展览的一个主题。

04　让·鲍德里亚：法国社会学家，现代法国思想代表者之一。他用符号学分析现代消费社会，并在文艺评论、设计理论、文化批判等广泛领域有所建树，著有《物的体系》《消费社会的神话和构造》等。

然而，当你身处展览会场时，很快就会明白，这次展览的目标远不止于此。这是关于社会投向人类身体（尤其是女性的身体）的，关乎性欲、情感、社会规范、美学的各种视线是以怎样的形态在人身体上刻下印记并塑造其身体的。

现代时尚对身体轮廓的大胆塑造、内衣和外衣的混用及伴随的皮肤感受的变化、性别跨越（电脑合成的难以区分性别的身体照片等）、身体和衣服的视觉跨越（让人联想到有机物的衣服或是有着无机物触感的虚构皮肤）、户外由菌类生成的衣服（与微生物学家的合作）、为难民设计的可作为移动住所的衣服、将性别政治可视化的摄影艺术等，通过这些作品群，可以看到身体是如何深深嵌入到形象制度之中的。

时尚与"身体的政治"以及"性别的政治"有着深刻的共犯关系。时尚与作为形象的身体紧密相连。时尚深刻地动摇着集体的身体感受和性别情感。

这个展览通过多样的媒介，向我们深刻地展示了这些场景，同时也展示了关于时尚和艺术的边缘领域。

人类都是"恋物癖"

有个词叫恋物癖,指的是恋腿或恋鞋等性癖好(为何多集中在男性身上这一点让人费解)。

"我的欲望集中在女人两条美丽的腿。我不需要女人的心。女人都太有个性,这一点会让我的欲望消失。"

这是德国某位恋物癖者的发言。恋物癖者的偏好往往是头发、腿、手帕、丝袜或鞋等身体末端部位或身体饰品。恋物的指向离开了构成人格基础的脸部,转向那些无法体现人格特征的部分,如身体的末端、衣物的局部。因此,战前的精神医学词典中,曾用一个惊人的译词"碎片淫乱症"来描述这种病症。

恋物主义这个词原本是在宗教学中使用的。从石头、树等本身只是物质的东西身上看到神灵的具现,这本身是一种祭物崇拜。

在马克思的《资本论》中,这个词也被用来分析人类的物质产品,解释人类创造的物质产品为何具有商品的价值。货币和钞票本质上只是金属和纸片,为何它们会有如此大的价值,并左右着人类的意识和欲望呢?这关系到经济现象的根本问题。

在人类性行为中，性欲的对象不集中在脸、躯干或生殖器等身体的中枢部位，而是指向非人格的碎片，这被视为一种偏离现象。

但这个问题本身就很奇怪。爱情或性欲为何必须集中在脸或生殖器？人格并不体现脸或生殖器本身。如果是这样，人类的爱情或性欲本身就是恋物癖的体现。也就是说，人类都是恋物癖者。

高跟鞋

说到时尚中的奇怪习俗，我们马上能想到的是欧洲的束腰和中国古代的缠足。它们使身体（腰和脚）极度变形，使其功能丧失，仿佛像是捏泥人一样玩弄人的身体。

高跟鞋也可以归为这种奇俗之一。高跟鞋是一种异样的、明显设计成让行走变得困难的鞋子。后跟部分高而细，穿着时身体极度不稳。而且，高跟鞋的形状完全忽略了脚的自然形态，挤压原本呈放射状的自然的脚趾，将其填入纺锤形的鞋头。因此，穿上高跟鞋后，成年女性的脚趾呈现出凸起弯曲的形状。对人体来说，高跟鞋也是一种奇特的、不合理的时尚元素。

更有意思的是它的形状。作为奇俗之一的缠足，其足部轮廓和高跟鞋非常相似。从上看是纺锤形，从侧面看则是直角三角形。

人们为什么会设计出这样奇怪的东西呢？精神病学家对其进行的解释，包括性强迫、攻击性等。不过，我认为其中有一个非常单纯的理由，那就是"不稳定"所带来的魅力。

不稳定的、摇晃的、模糊的东西，都会吸引人的目光。比如裙子的开衩、半透明的衬衫、内衣样式的吊带裙、带拉链的衬衫等。也就是说，那些看起来既要展示又似乎要隐藏的元素，正是因为这种暧昧性而吸引人的眼球。诱惑的时尚就是通过这种方式来调戏他人的视线。

人也一样。心情摇摆不定的人最具神秘的魅力。比起淫荡的人，贞洁的人在试图抵抗诱惑时的样子更让人心动。哲学家阿兰[05]曾这样写道："一个努力守节、想要战胜情欲和战胜自己的女人，在男人眼中，恰恰因为这一点而显得格外具有危险的吸引力。这真是一件不幸的事情。"而这种诱惑的本质——即不稳定和摇摆，被高跟鞋明确地表达了出来。诱惑会进一步升级成为细高跟。然而，其实并非所有的诱惑者都是女性。直到19世纪，绅士们还穿着束腰衣和尖头高

05　阿兰：本名埃米尔·沙尔捷，法国哲学家、批评家，其哲学著作富于意趣，著有《关于精神与激情的八十一章》《幸福论》等。

跟鞋，男装只是在进入20世纪后突然变得保守而已。

回击他人的目光

若想让某人陷入极度的不安，可能并不难。比如，在办公室里，当与某人擦肩而过时，突然表现出像看到了不该看的东西一样的表情，然后迅速转移视线。如果大家合谋这样做，那么他（她）会忍不住跑到洗手间，从肚子开始，对着镜子仔细检查自己的外表。因为一个人并不能直接看到自己的外表，所以他人的目光具备了压倒性的攻击力。

或者可以这么说，女性们，特别是年轻女性，在都市生活中，可能每天都能感受到那种评头论足的目光。如在上学途中、上班途中、车站、电车内。

土屋惠一郎在《能》中描述了能剧演员带上面具后，仿佛自己被剥光的不安状态。被观众的目光凝视的身体，演员自己却完全看不见。在这种状态下，他会感觉自己的衣服被完全剥离，而身体却漂浮在他人的视线中。这会使演员非常不安。

更有趣的是接下来的部分。"演员戴上面具站在舞台上的身体，处于极其被动的状态。他们通过特定的舞台姿势，从内部重新组织身体的中心，抵抗这种被动状态。"调整漂浮的身体感觉，重组身体状态，这种力量的交锋构成了能剧的身体表现。

在女高中生的制服和去年夏天流行的吊带裙中，也能感受到一种"回击"性的攻击。

想起大学生在求职时穿的整齐划一的求职套装。在他们套装的里面，也暗藏着一种和能剧演员戴上能面具时一样的，抵抗他人评头论足的视线的"姿势"。有些学生为了给自己鼓劲儿，穿着看似普通，但其实是前卫潮牌的藏青色套装。

与"内在"的平衡

服装长期以来被认为是人们的外表。当然，这是与内在相比而言的。

说到内在，人们会想到"心灵"。但是，在装扮中，我们能看到一个人的生活方式，也就是这个人在感受世界时的方法和行为，以及他融入世界时的方式。人们可以通过服装及服装类型约束行为方式，变得更成熟、更女性化或更男性化。就像人的文笔可以体现其人格一样，没有风格的"心灵"是不存在的。

说到内在，有些人会想到身体。然而，当我们意识到自己的存在时，我们的存在已经从皮肤延伸到了衣服。因此，仅仅是想象他人的手伸进自己衣服里，即使那只是在皮肤外部，也会让人感到像是自己身体内部被插入了一只手一样毛骨悚然。

因此，说服装是人们的外表是不准确的。同样，将服装视为"表达"也令人困惑。

认为人能通过服装展现一切也是不准确的，因为人们非常擅长通过装扮来伪装自己。装扮有点像是人与人之间的形象游戏，人们通过服装来管理自己的形象。穿制服之所以轻松，是因为可以将固定的形象作为自己的保护伞。

当然，这只是一般而论。当对自己形象（比如严肃）有固定观念，或者有许多能让自己热衷投入的事物时，这样的人往往不太在意自己的服装。相反，当人们内心有模糊的不安或烦恼时，他们会穿个性比较明确的服装。也就是说，内心坚固时，外在则会有许多裂隙；反之，内心模糊时，外在则会变得明确而坚固。从这个意义上说，人们通过服装很好地达到了平衡。

2　皮肤的感觉

透明潮流

流行这种东西，其实真的无所谓。现在社会上流行什么，我会觉得和自己无关。

然而，在某一天，我突然意识到，自己的身上确实发生了与社会同步的品位变化，并且不知不觉地将自己细微的感触寄托在这种变化中。

在我中学时代（昭和三十年代后期），半透明的红色 LP 唱片上市了，当时我用廉价的塑料便携唱机播放它们。塑料、透明乙烯和丙烯，带给我的是一种轻盈和新奇的感觉。最近，这种感觉似乎翻转过来了。塑料光滑的轻盈触感带来了奇妙的深度，乙烯和丙烯的透明感也散发出某种怀旧而古老的气息。

当年，苹果公司推出 iMac 蓝绿色和深红色的透明机箱外壳，获得巨大成功。机箱的透明外壳能展示机器内部。这种设计风格迅速影响了计算机、电话，以及杯子和厨房用品等各类商品，果汁色或鸡尾酒色的半透明的商品开始在市面流行。

这种感觉就像表面不再是坚固的边界，而是由表面不断向内部穿透，通过透明性叠加所产生的深度感。那种深度到底是什么呢？CT扫描成像技术、将生物体切片嵌入透明树脂中制作标本的生物塑化技术、日本当代时尚设计师仓俣史朗创作的玫瑰花悬浮效果的透明丙烯的椅子，都给人相同的感觉。

手机和电子邮件带来的无色透明的社交，让交流的双方感觉不到肉体带来的沉重感以及人体气味。这种社交关系就像给人和物染上了一层薄色，自然而然地与人融为一体的感觉。最近我发现自己也在购买透明的商品。这种感觉的奇妙进化，令我有些在意。

透明薄膜的包裹

早前，我曾经对超市的场景感到过些许恐惧。在超市，无论是食品还是日用品，我们所需要的各种物品，通过各种流通渠道从世界各地汇聚而来。即便是食品，也细分为肉、海产品、蔬菜、乳制品、干货等多样的种类。它们的颜色、形状和触感也各不相同。

然而，尽管外观多样，我们用指尖或手掌感受到的物品，其触感却是惊人的一致，这里的物品全部是平滑且均质的。所有食材的表面都给人相同的质感。不仅仅是食品，许多日用品的表面也是如此。那就是被透明薄膜包裹着的触感。

肉类和鱼类已经被切成薄片或一口大小。我们将它们买回家,用筷子夹起来放进汤里煮,或者直接放入口中食用。我们在避免直接接触物品上似乎做得非常彻底。

物品的名字不同,外观和姿态也各不相同。因此,当各种物品在货架上排列时,我们会认为它们不同。然而,实际上我们接触到的只是包裹物品的透明薄膜的表面。世界的触感变得平滑无比,我们的指尖和手掌不再感到刺激。

触觉是我们感知世界现实的非常重要的感官。通过按压、抚摸或撕碎物品等动作,我们切身感受到世界并非自己可以随心所欲地掌控。通过触感,我们知道物品有着各种各样的"表情"。

物品被透明薄膜包裹后,其质地不再传达给触摸它的人。触感变得像阴极射线管上的电子光一样,单调乏味。

不过,如果听到这句话,我们就会立刻感叹触感的均质化、一元化,那也未免操之过急。只能通过透明薄膜感受触感意味着,只要不直接接触物品本身,任何质地都可以被人们无差别地接受。透明薄膜下,血或内脏的黏腻感,爬行动物或微生物表面的触感,和珐琅表面的无机触感一样,都可以带给人"洁净"的感觉。就像电视图像效果的呈现一样，触感的某种禁忌被解除了。

"生"感*

最近的日本年轻人将打电话称为"生通话"。与手机或电子邮件相比，电话通话没有时间差，人们对对方的话语的反应是直接做出的，确实有现场感。虽然电话是通过媒介进行的对话，但称其为"生"通话真的很有趣。

不久前，不插电音乐（Unplugged）[01]成为热门话题。摇滚明星埃里克·克莱普顿（Eric Clapton）在录音室用原声吉他[02]伴奏进行了现场录音，他的 CD 音乐获得了格莱美奖。其后，不插电音乐流行起来。然而，如果大众要听"不插电"音乐，还是需要将 CD 播放器插上电才能听到。

所以，所谓的"生"并不完全等同于"现场"。真正的"生"，是面对面的现场的对话，这种涉及全身心的交流反而是非常难的。

---

* 现场感，生在日语中指现场的。——译者注
01 不插电音乐：不使用（电源）插座，不使用电力驱动的设备进行音量放大的现场演奏。
02 原声吉他：不使用电力驱动的设备进行音量放大的吉他演奏。

面对面交流时，毫无过滤的信息有时候会让人感到超负荷，让人的意识和反应变得笨拙。像在烈日下戴墨镜一样，减少一定的信息量可以起到保护意识的作用。因此，当我们看不见对方的脸时，交流反而可能变得更顺畅，或者更自然。

如今沉浸在各种媒体中的人们对"自然"感，或者"现场"感的标准，似乎发生了很大的变化。

一种仿佛减重阀般的服装正在流行。例如以普拉达为代表的，职业装般的简约高级服装。时尚杂志 *SPUR* 将其形容为"最美的普通服装"。

时尚是块状的皮肤

我们使用布料、皮革，或者是油漆和金属环，以各种方式装饰身体的表面和周围。

我们会说"装饰身体"，但却不会说"装饰心灵"。心灵似乎是不可装饰的，身体则可以。那么，服装仅仅是装饰品，也就是所谓装饰"表面"而已吗？

并不是。如果服装对人类来说具有本质性的意义（当然如此），那么当我们说"装饰身体"时，这个"身体"不可能与"心灵"分开。不要用"心身合一"等词语来掩盖这个事实。各种营养所附着的，各种修养所附着的这个"身体"到底是什么呢？

哲学家米歇尔·塞尔[03]提出一个独特的观点：灵识存在于皮肤能够折叠或重合的地方，即身体自己能够接触自己的部位。比如上下唇间，合上的眼皮下，合十时的手掌间，托腮的手掌中，握拳时的手掌里，按压额头的指尖上，交互的双腿间……他认为灵识在这些地方诞生。

当然，并不是身体的任何地方都会发生这种灵识的交流。耳朵或背部只是依赖于外界事物接触时才似乎拥有一点儿灵识。灵识散布于我们身体的各处，或聚集或扩散。

从塞尔的视角来看，这种灵识嬉戏的痕迹，甚至于灵识本身，就是服装和化妆文化。时尚绝不只是我们存在的"表面"。

时尚虽不是灵识的全部，但它绝不只是外在装饰，而是灵识的皮肤。

03　米歇尔·塞尔：法国哲学家。他发展了一种结合感官和概念性智慧的哲学。著有《赫尔墨斯》《五种官能》等。

核心皮肤感知

有时候我们会生理性地厌恶他人。这种合不来的感觉，日语用"性"不合、"肌"不合、"马"不合（骑手和马不合）来表达。这种表达常常涉及与人体或皮肤感觉相关的词语。

"人的情绪很大程度上依赖于皮肤和黏膜的感知，这点你应该能够理解吧？比如'起鸡皮疙瘩''粗糙''黏乎乎''发痒'……仅仅这些词汇，已经显示出人的体表感知如何体现我们的情绪和氛围。"（安部公房《第四冰期》）体表之所以有这些丰富的感觉，是因为皮肤是身体与自身以外的东西接触的界面，也就是自他的分界面。作为自己和他人的分界而被意识到的皮肤，日语称之为"肌"（肌肤）。因此，日语中的隐晦表达如"肌を許す"（肌肤之亲）或"肌を汚す"（被玷污），是与"操"（操守）相关的，涉及男女之间精神意识性的关系。

在这层肌肤之上，各种感觉交叉融合。我们的肌肤可以感受到树枝的形状；眼睛也可以看见玻璃的脆弱、棉花的柔软；耳朵可以听出路上的人群混杂，好像我们可以触摸到声音的粒子。有时候我们听声音也会产生关于颜色的联想。

心理学家把这种感觉之间的共鸣和跨越称为共感。这不是错觉。相反，认为感觉是按器官分门别类排列的想法才是错觉。我们所感知的世界因充满了这种相互叠加的感觉而显得喧嚣。

衣服和化妆对皮肤的状态的改变，不仅使我们强烈意识到自身与外界的边界，还激活了许多共感。时尚是一个时代感受性的风格。因为时尚以这种皮肤感知为核心，所以，不仅是紧贴肌肤的服装，日用品的手感、音乐和语言、空间的氛围等所有有关身体环境的设计，都深深地被时尚元素渗透。

贫乏的皮肤感受

幼儿的皮肤总是和某些东西紧贴着。比如母亲的胸和背（顺便说一句，最近很少见到背着孩子的母亲了）。在北方的某些国家，母亲会把婴儿放在衣服内贴身背着。婴儿在母亲后背上小便，在胸前吃奶。婴儿在衣服里完成所有日常活动。

也可能是一块毛毯。听说常有孩子喜欢啃毛毯的边角，当毛毯被清洗了他们会哭泣。即使大人告诉他们毛毯脏了需要清洁，他们也不接受，因为染上自己气味的毛毯能让他们感到空间的熟悉，当他们触摸新的毛毯时，会有种自己的皮肤被剥离似的感觉，让他们感到不适。

还有母亲的身体内部。在母胎中，婴儿最初经历的皮肤感受是声音感觉（母亲体内流动的体液声、呼吸声、消化声), 精神病学家称之为 "音浴"。

随着年龄的增长, 人们开始从外部视角看待这种重要的皮肤感受, 将其视为自己的体表与外界物体发生接触后的反应。

如此, 外部世界与我们渐行渐远。人们被困在皮肤内部, 周围的物体和空间被视为自己分离的异物。换句话说, 人们对与物体的接触变得敏感。我们不再乱吃东西, 开始强烈意识到作为人与物之间的隔绝和缓冲的空气的存在。我们可能擅长观察空间, 但逐渐不擅长用皮肤感受空间。空间的感觉变得越来越像一个装载你我身体的容器。

现在的住宅设计的清冷感, 可能就是从这种感觉中产生的。设计服装时, 人们只关注款式, 可能也是出于同样的原因。

洗衣

说到洗衣, 我马上想起井上阳水的那首歌:

"洗衣的是你, 守望的是我
衬衫的颜色溶在水中, 你总是买便宜货"(《天真的你的姿态》)

穿洗过的未上浆的衬衫和裤子，即穿便装的感觉，成为20世纪60年代以来时尚菜单中的一部分。从那时起，破洞、磨损、反穿和旧衣等反潮流成为一种洒脱的时髦品味。

在上一段中，我提到了一些喜欢啃毛毯入睡的孩子，当他们的毛毯被清洗后他们会哭泣。别说是幼儿，成年人在沉迷于自己的某些衣物时也不愿更换，否则会感觉崩溃。经过洗涤，衣服和鞋子中渗透的味道被清除，这使他们感到不安，仿佛自己从熟悉的时间和空间中被剥离出来。反过来讲，洗涤可能包含了重新开始的意义，就像女性剪发一样。

"当一直穿着某件衣服，会在某个时刻感觉衣服变得特别贴身贴心。从那以后，我不愿意将它送去干洗，也不愿让妻子将它放进洗衣机，最终自己动手洗。我想说，我喜欢洗衣服，让我自己洗吧！让布料休息一周，它会重新变得松软。不过如果是羊毛的话，不到一周就得洗。"

这是负责某著名品牌布料的岐阜工匠的话。

我感觉自己还达不到他说的这种境界，可能我对自己的皮肤之爱还不够深吧。

缠绕的视线

"看"是一种视觉活动。这是理所当然的事情。然而，看与触摸真的是不同的感受吗？

有"柔和的声音"和"干燥的声音"这样的说法。如果你毫不犹豫地认为这只不过是一种比喻性的表达，那就大错特错了。例如，当我们观察玻璃时，也在观察它的硬度和脆弱性；通过鸟儿飞起后树枝的震动，我们看到了树枝的柔韧和弹性；在小雨天，通过路上行驶的汽车轮胎的声音，我们听到了道路表面的黏滑感。

不仅如此，这些不同的感受也会相互干扰。例如，声音会改变我们对颜色的印象，而红色和黄色会使人联想起身体运动时的丝滑流畅感。

物体的形状向所有感官传达信息。哲学家莫里斯·梅洛-庞蒂[04]指出，"看"也具有"目光触诊"的意义。视觉不仅触及物体的外形，甚至能够触及物体的气味。

当我们把目光投向穿着衣服的他人时，不仅能看他们的

---

04 莫里斯·梅洛-庞蒂：法国哲学家，因对身体和行为的现象学研究而闻名，著有《知觉现象学》《可见与不可见的》等。本文作者受其影响深远。

外貌，还能"看"到他们的皮肤对衣服的感觉。例如，我们可以"看"到潮湿的衣服的沉重感、毛织物的刺感、弹性材料和皮肤贴合的质感、内衣的柔软触感、塑料材质散发出的暗淡光泽的冷感、因汗水沾湿的衬衫与皮肤的紧贴感。我们都能"看"到。

当我们盯着身体或衣服一直看时，会感到发闷，是因为视线缠绕在皮肤表面。日语表达"舐めるように見る"（舔舐般地看）并不单纯是比喻。

第二皮肤

衣服被称为第二层皮肤或皮肤的延伸。如今这已经不仅仅是比喻。通过抑菌来防止汗臭的技术、抗敏材料、防螨的致密材料，以及根据环境变化精确控制汗液蒸发量和体温的纤维等，如今的材料研发令人惊叹。不仅如此，还有发光纤维、根据体温和外界温度而变化颜色的纤维等，能够与人的情绪和环境微妙互动的材料不断被开发出来。

我们有时会陶醉于极细纤维带来的羽毛般的柔和触感以及比丝绸更丝滑的穿着感，也会觉得搪瓷的凉爽感和乳胶的滑腻感令人舒适。然而，为了刺激皮肤，我们有时会故意寻找紧绷或刺痛的感觉。当20世纪80年代修身服装出现时，人们一开始以为它是突显身体线条的性感服装，但实际上，这是一种使人体享受衣服纤维与皮肤组织微妙摩擦感觉的设计。

人的生命从身体感受温度、声音和振动开始。出生之前，在母胎内就已经开始了。出生后，我们的皮肤常常会由于与环境的关系问题而出现干燥、起鸡皮疙瘩、起荨麻疹甚至渗血等现象。如果皮肤是感知现实的深层装置，那么作为"第二皮肤"的新材料，可能会与人体深处的原始记忆、被磨灭的原始野性意外结合，从而改变我们对世界的感受。

布料带来的皮肤感受

随着年龄的增长，笔挺的西装更适合我们，因为它能在一定程度上遮盖失去活力的身体体态，恢复表面张力。柔软的布料则会使得无法抗拒重力的肉体松弛更加明显。

穿和服的老妇人的美在于，布料形成的直线褶皱反而将衰老的身体变得端庄。与凸显年轻女性身材的修身服装不同，和服使布料与身体之间的空气充满深邃的魅力。

在服装设计中，日本服装带给西方的观念转变在于对这种空气配置的理念。并不是将二维的布料进行切割和缝合，严丝合缝地包裹具有复杂线条的三维身体，而是运用一整块平面的布料使其能随着人们的行动自由地穿戴。这和西式服装设计是完全相反的理念。

特别是在马吉拉和麦昆等年轻设计师的作品中,这种二维服装的理念很明显。可以看出,三宅一生曾提出的"一块布"的概念,作为服装设计的一种原理已经稳固地确立下来。

《流行通信》曾经做过一个关于二维服装的专题。在专题里,成实弘至对20世纪末的二维服装设计做了有趣的解读。他说:"性别、性取向、家庭等曾经将女性身份固化。如今这种固化的范畴已被打破,只有片段的、短暂的自我在每个场景中瞬间浮现。"二维服装将这些片段集中起来,包裹成一个松散的形状,演绎出柔软的皮肤感觉。

自由的形式将随时代的变化而变化。

超细纤维

当进行长时间电话交谈时,人们会开始做一些奇怪的动作。比如在手边的便笺纸上用铅笔或圆珠笔随意涂鸦。就我而言,开始时多是随意画一些三角形之类的几何图案,但它们逐渐组合成类似帆船的形状,接着继续增加,最终形成由几十个三角形结合在一起的奇怪图形。这些图形的角度怪异、尖锐，给人一种危险的感觉，似乎可以成为精神分析的素材。

从信息学的角度来看，人们之所以做这些奇怪的动作，是由于通话现场听觉信息过多，打破了与其他感官信息的比例关系，而身体为了校正这种不平衡，会自发地调动其他感官，特别是视觉和触觉进行刺激，从而产生这种现象。

当我看着孩子们用手指近乎痉挛地敲击游戏机或手机键盘，或是有些人特意穿塑料质感的衣服，我不禁想，这是否是由于身体触感无法得到良好满足所引起的触觉烦躁而导致的？

如今，在新合成纤维的世界里，已经出现了超极细纤维，它的直径不到天然材料中最细的丝的百分之一，它带来的触感令人陶醉，这是人类前所未有的感受。

人类最先是通过触觉来感知世界的。手抚摸身体的感觉、口中含着乳头的感觉、裹在毯子里的感觉……现实感的最深处存在着触觉记忆。超极细的高科技材料会把人们带回这种记忆，并试图再现那逐渐干涸的现实感。

浮游感

越来越多的设计师在废弃的工厂、夜总会、地下停车场或仓库等临时空间举行时装秀。

山下隆生的服饰品牌 Beauty Beast 去年的秋季秀的展示方式尤其引人注目。黑暗中，使用荧光纤维制成的服装逐渐浮现出来，在光线的变化下其呈现不同的图案。现代人作为"像"的身体和"光"的身体，仿佛直接从现实空间中走出来。这种奇妙的感觉让电视屏幕与城市空间似乎融为一体。

此外，音乐将这两个空间连接起来。服装在身体动作下产生的声音，如合成纤维的摩擦声、脚步声、靴子的系带声、皮带的摩擦声等，被合成和转换成抽象音乐。

这种感觉就好比身体与衣物融为一体，触感与外界联动，自己也随之扩张开来。一位年轻作曲家形容这种感觉为"衣服上向外扩散的樟脑丸的气味"。

这种感觉就好像皮肤感和嗅觉等感觉离开了原始的身体块垒，开始在城市空间中漂浮。事实上，不知从什么时候开始，我们自身身体的"临场感"就已经与电视屏幕等信息空间的感觉相互渗透和融合起来。那些先锋设计师们可能正试图抵抗这种感觉的包围，或者尝试与这种如蜃景般的现实共振。

基于"看／被看"的传统理念结构所分割的空间感觉让人们无法满足。一些设计师已经开始尝试打破这种传统设计模式。

新触感

食品也有时尚趋势，特别是甜点领域变化迅速。提拉米苏、椰果、奶油布丁、魔芋果冻……这些流行食品实际上也在追求口感的质地。

"Q弹、浓厚、黏稠。脆、酥、有嚼劲。滑溜、黏腻、光滑、干爽、绵软。"在日语中，这些描述食物口感的词有着双重含义，也可以用于表达肌肤触感和衣物的穿着感。

人体常被比作连接口和排泄器官的管状结构。在这种情况下，肌肤触感是身体外壁上的皮肤感觉，而口感则是身体内壁上的皮肤，两者都是身体表面对质地的感受。

食物中的水溶性高分子创造了这种微妙口感。如寒天粉、淀粉、蛋清和明胶，它们使食品柔软凝固，让我们在咀嚼、吞咽等多个层面拥有了丰富的口感。

同样的情况也适用于流行的超极细纤维面料"水洗绒"。这种新材料不再是对天然材料的模仿，它带来的触感是人类前所未有的体验。

如果人类首先通过触感来确认现实，那么新材料、新质感的创造必然会改变现实感。所谓真假的区别将逐渐失去意义，仿制品的独特现实感将成为超越真假的第三种现实。这种新现实的创造正在成为纺织品设计的重大课题。

被削弱的皮肤感受性

今年的花粉症的季节又到了。我的鼻子因为花粉流涕而无法保持干爽。几年前，我的皮肤还会起荨麻疹，脸上也会出现严重的湿疹，导致我缺席了好多次年末的送别会。

当我们与世界之间的某种平衡开始崩塌，或者两者之间出现了严重摩擦或偏移时，我们的皮肤常常会出现问题。皮肤粗糙、起鸡皮疙瘩、荨麻疹、红肿等现象应运而生。花粉症可能也是我们与环境之间发生的这些不和谐所导致的现象之一。

皮肤是我们与外界之间的边界面，因此当两者关系不佳时，首先会在这个边界面上出现微小的迹象。

从呼吸、摄取营养到社会交流，我们的生活就是与外界发生的各种关系。因此，作为自我与他者、内在与外在的边界，皮肤是生存现实感最为明确且细微的感受场所。

由于皮肤如此重要且容易招致危险，我们有时会对其过度关注。过度清洁或卫生的意识使得我们逐渐逃避接触异物。人们不再亲自处理鱼类，将生鲜食品包上塑料膜，避免有可能受伤的游戏和争斗……

在卫生的借口下，我们给肉类、鱼类、蔬菜和加工食品都包上透明的塑料膜，使其表面触感变得同质化。这样一来，人类皮肤的感受性逐渐被磨损而削弱了。这也算是自作自受吧。

"如果你想拯救自己，就让你的皮肤面临危险。"这是法国思想家米歇尔·塞尔说过的一句话。

变样的内衣

地下通道里贴着一张巨大的广告照片，十个穿着彩色迷你裙的年轻女性背对着观众排成一排。但数日之后，画面突变。让人惊讶的是，她们的臀部穿的迷你裙被换成了同样颜色的束裤。

这让我想起了运动员兰迪·帕斯出镜的一个广告。某天，在报纸的头版广告看到他那满脸胡子的照片，结果第二天，报纸又登载了他的胡子全剃光了的照片。这是一个剃须刀的广告。地下通道的束裤广告是对这个广告的效仿。但这个广告也意味着内衣逐渐被视为身体的一部分，内衣覆盖的身体部位正在失去"神秘感"。

内衣曾经是身体意义的宝库。无意间的一瞥，或透过衣服隐约透出的内衣，会触发和吸引异性的目光。它是引导异性意识进入我们秘密内心的导火索。

内衣原本是公共身体和私人身体之间的贴身衣物，覆盖了不应暴露在他人视线中的部分。内衣是我们身体内外部的分界线，也是私人身体和公共身体的分界线。因此，人们的意识总是在这个地方小心翼翼。内衣的变化反映了公共意识与个人意识的微妙变化。

然而，如今这种内衣的神秘性已经完全消失了。人们的身体表面变得越来越公开化。内衣的故事性减弱，内衣原本的多种功能正在逐渐被像紧身衣那样的"内衣"所统一。

我们对自己真正的私人部分，似乎变得不再通过身体这个地方去意识、去感受。

视觉的触觉化

关于地下通道广告中的那十个臀部的故事，还没说完。

这是一个提升臀部线条的内衣广告。广告中的束裤不像传统束裤那样硬，而是从下方托起，使柔软的臀部在极细纤维面料下有种轻轻摇晃和颤动的感觉。广告语是"温柔包裹，美丽支撑"。这款内衣是为了满足那些想提升臀部线条但不想感到束缚的消费者的"任性"需求而开发的。

随着衬衫变短，裤子流行……这些都使女性的臀部线条更加明显，人们也自然会投入更多的关注。臀部的柔软是关键，臀部柔软的膨胀感似乎和胸部的"聚拢、提升"感一样受欢迎。重点是包裹而非束缚的感觉。

随着虚拟影像的增加，视觉中的现场感逐渐减弱，因而视觉影像对触觉的刺激部分开始加强了。微微颤动的肉体感受让我们感到依赖，或者说我们好像退行到了被包裹在茧中的原始状态。时尚使我们身体上的那些难以言传的、自己也无法真正理解的感受和情感突然浮现出来。

内衣时尚不再像过去那样引诱异性或暗示身体的隐秘意识。并不是展示或隐藏身体，而是在身体表面直观地展现和表达"我喜欢这样的身体"这种意识。时尚中的内衣的立场正在微妙地发生变化。

外穿的内衣

有时我会思考，衣服的表面到底是哪个部分呢？通常来说，衣服的表面是指从外面能看到的那一面。但如果首先考虑穿着的舒适度，那么应该说是皮肤接触到的第一层异物，也就是衣服的内衬面。

最近，似乎越来越多的女性不是根据衣服的版型，而是根据面料的质感来选择衣物。从这种意识来看，人们更在意衣物和皮肤接触的那一面。有一段时间，年轻人中流行将衬衫或T恤反穿，这可能也微妙地反映了人们对衣服表面和内衬感知的变化。

直接穿在皮肤上的衣物，也就是内衣，不仅能让皮肤感觉舒适，还能减少与外衣的摩擦，使其顺滑，同时塑造身体的形状。近年来，内衣变得越来越简单，甚至有被省略的趋势。尤其是吊带衫，从统计数据来看，其销量急剧减少。

但换个角度来看，广义上的内衣的销量却在增加。或者说，内衣和外衣的界限变得模糊了。几年前，高缇耶等设计师创作出了像紧身胸衣一样的连衣裙，而今年，直接将柔软的内衣外穿的服装显得尤为醒目。有些人甚至在连衣裙外面再穿一件内衣。

随着人们对触感细腻的服装需求的增加，过去用于制作内衣的技术得以发挥作用。内衣设计技术转向专注于触感的设计，例如追求像丝绸般的触感或弹性材料的伸缩性等。未来的服装将无限接近"第二层皮肤"的定义，并将持续寻求内衣产业和运动服产业积累的技术支撑。

松垮感演绎成人风格

一种叫"松垮长筒袜"的新型袜子开始引起关注。在堆堆袜已经退潮的时候，这种长筒袜在成年女性中开始流行，略微给人一种季节不对的感觉。颜色是雾霾般的白色。如果是肉色的，看起来只是普通的袜子褶皱，但白色则有不同的效果。

和之前的堆堆袜一样，袜子整体都是松松垮垮的，但其长度从脚踝延长到了膝盖下方。脱下来的袜子离开了腿部支撑，形状有点像蛇蜕，看上去略微会有些不适。

我第一次看到这种长筒袜是在几年前的 Comme des Garçons 的秀场上。十几层白色布料叠加并切割，形成一个锋利的切面，整体氛围仿佛置身于疗养院。那时，模特的腿上就穿着这种松垮长筒丝袜，给人感觉像是吹一口气就会消失的雪纺布。那是泡泡袜最盛的时代，专业人士向我们展示的这个设计，仿佛在说"如果要做时尚，就要做到这种程度。"

丝袜是一种奇怪的服饰，无论夏冬，现代女性都用透明的薄布紧紧包裹双腿。即使在海边穿着凉鞋时也会穿上它。它可能有隐藏腿上的伤痕和斑点，使双腿看起来光滑的效果。有时甚至使双腿看起来像无机物，迎合一些恋物癖的目光。

松垮长筒袜不仅像是紧贴双腿的透明保鲜膜，更像身体与外部世界之间的缓冲，是对空气变化敏感的女性灵魂的"易受伤害"的代言。不过，这也很快会变成仅仅是一种流行符号。

3 化妆与"表面"

土色唇膏

有时会看到涂着土色唇膏的女性。偶尔也会看到血泡色的、苔藓绿的、药液般的、蓝色的，长到夸张的美甲。还有涂成仿佛被人打伤而导致眼周出血般的眼影。这种妆容被称为"不健康妆"或"病态妆"。因为19世纪末的欧洲也有病弱崇拜，所以这种妆容也不能特别怪异，但近距离看还是会让人心跳加速。

再加上极细的眉毛、金发、女高中生逐渐升级的堆堆袜、粉红系的多层次穿搭、朋克服装的效仿，甚至包括金碧辉煌的香奈儿……曾经一度（恶趣味）流行。嬉皮士的贫穷主义（或者说不修边幅）很惊人，但以女高中生为中心的这种恶趣味流行也非常引人注目。

当像朋克这样的反时尚开始出现在电视的滑稽广告中时，一种难以言喻的感觉开始在都市表面弥漫。人们预感到在这个社会中任何激烈的反抗最终都会被吸收为时尚的一部分。而恶趣味似乎是这种反抗的极端表现。

无论人们穿上多么引人侧目的时尚服装，最终总会被定义为一种风格类型。但如果无论人们做什么都会被预设的话,那他们就只能做"最糟糕"的事了。于是,恶趣味的色彩运用、糟糕的搭配、不健康的化妆应运而生。它与那些完全不涉及时尚的人的穿搭只有一线之隔,非常"危险"。

然而,这种恶趣味的服装和妆容所露出的身体和皮肤部分却是光滑清爽的。这种不协调感令人有些难以接受。

穿孔

如今,身体穿孔已经是一种不再鲜见的时尚,但在它刚开始流行的时候,的确是令大众有一定的抵触心理的。

所谓穿孔,就是在身体上打孔的装饰行为。打孔作为一种时尚行为其实也不算什么大不了的问题。因为时尚一直以来从未停止过对身体进行各种加工。人们剪短头发,过去将新生儿的头部用木板固定以塑形,在脸部的某些部位涂色,用胸罩支撑胸部,用紧身衣束腰。19世纪的舞女为了打造纤细的腰部,甚至通过手术移除几根肋骨。穿高跟鞋使得脚变形、纹身……也就是说,自古以来,人们为了时尚随意改变身体形状的确是一种司空见惯的行为。从这个意义上来说,穿孔算得上是温和的时尚。

然而，从日本服饰史的角度来看，身体穿孔有一段相当惊人的时尚插曲。在日本，身体穿孔作为一种时尚，曾经早在绳文文化期就一度盛行，如今算是时隔约三千年的复兴了。在那之后，日本人放弃了在身体上打孔、佩戴金属环的时尚。以往的日本女性主要使用木制或漆制的饰品，自从明治时代西方文明和服饰文化传入后，她们开始佩戴项链和戒指，但在耳朵上打孔戴金属环的时尚一直未能重现。到了现代，虽然耳环不再像绳文时期的耳饰那样巨大，但穿耳洞几乎普及到了标准化的程度。百货公司的首饰柜台上摆放的基本都是耳钉，很少能看见耳夹。

如何解释这一现象，这涉及身体意识的变化等多种因素，很难一概而论。作为解释之一，我认为可以这样有趣地看待：打孔是青春期的人为自己举行的"一个人的成人仪式"。对于现代的年轻人来说，二十岁的成人仪式完全是形式上的。在二十岁之前，许多人已经有了就业、饮酒、吸烟、性行为等经验，他们已经完成了应该属于成年人的许多"初体验"行为。

身体打孔可以被视为十几岁的年轻人向父母和成年人宣告"这具身体是属于我自己的，和你们无关"的行为。是一种"我决定自己的事情，你们不要干涉"的决心表明。

然而，身体打孔的行为很快也渗透到了年长的女性中。

那么，中年以上女性的打孔又是向谁表明决心呢？嗯，看来还是放弃这种解释吧。

细眉

1960年代后期女性的眼妆曾经非常极端。眉毛被夸张地重新描绘，眼周像熊猫一样被大面积渲染，眉毛和眼睛之间画上约三毫米宽的线，粘贴上约一厘米长的假睫毛，或者涂黑睫毛。这种浓烈的妆容仿佛是在宣告什么似的。

相比之下，现在的眼妆给人的印象是为了减弱表情。

其中之一就是细眉。眉毛是脸上最能反映细微情感的部分。当人们犹豫、羞涩、迷茫或怀疑，眉毛就随着各种情绪颤动或扭曲。因此，古代的公家（皇室）会剃掉原生眉，在额头上方重新画上呈圆形的不动的眉毛，从而隐藏表情。

人们希望感受更加丰富的世界时，会用眼线勾勒眼睛周围的线条、戴耳环装饰耳部、涂口红使唇部鲜亮。然而，这种细眉的妆容给人的印象更像是为了隐藏表情，而不是装饰视觉器官。

虽然人们看似将原生眉毛随意地改装了，但实际上却陷入某种极致的统一。比如，女性用规尺来描眉。另外，制服本来就具有很强的一致性，但女生们却统一使用堆堆袜搭配制服，将自己融入"超"统一的风格中，仿佛是想要通过融入群体来保护自己……至少看起来如此。

少女们的粗腿喇叭口的袜子、厚底靴，让人联想起扎根于大地的原始的母性形象。她们聚集在繁华地段，就像是统一穿戴着盔甲装束并集结在一起的古代部落集团。

发型

这些年，化妆方式发生了很大变化。女性把原生眉毛完全拔掉并重新描出又细又长的眉毛，已成为常态。身体穿孔也完全普及了，即使在耳垂以外的地方看到身体的穿孔也不再令人惊讶。头发染成浅棕色或金色，有时甚至染成红色或蓝色。口红除了红色和粉色系，还经常看到米色、银色和深豆沙色。

脸部保持自然，衣服则多样化……不太记得这样的打扮意识从什么时候开始渗透到我们的头脑之中。总之，后来化妆开始趋向自然，尤其是发型，变得相当朴素。华丽多变的服装下，头部略显朴实简陋。大多数男性选择剃掉胡须，尽管那是男士脸部极容易自由发挥造型的部分。

在古代日本，武士的发型为头顶长髻，两旁深剃，视觉上形成极大反差。贵妇人则梳银杏髻*，上面装饰发梳、发簪或其他细工饰品，刘海多种多样。在近世的欧洲，男性常佩戴华丽的卷曲假发，女性则流行青色、紫色、黄色等鲜艳的发粉。与古时相比，现代朴素的化妆或许更显另类。

将眉毛画在额头上部的古代皇室，或者希腊神话中的蛇发女妖美杜莎。像这样关于化妆的深邃想象力，人们是否会再次找回呢？

失去素颜

"毕业季到了，去化妆教室学习化妆吧！"如今这早已成为过去式了。现在的女孩们从中学时代起，就开始剃眉、描眉，给自己涂上粉色口红。她们像换衣服一样改变自己的容颜。

男孩们也一样。他们把眉毛修得像蚯蚓一样细，细致地洗脸、染发。在修学旅行出发时，包里装着成套的护发护肤用品。我身边有没有这种人，对此我不甚了解，但我想市面上一定也有"男孩专用"的洗护套装。

像村山富市前首相那样，拥有浓密的眉毛的男性，随着

---

* 江户女性的一种盘发样式。——译者注

年龄增加，他们的眉毛会逐渐向外侧移动约四十五度。眉心部分会随着年龄变得稀疏，眉毛外侧则变得浓密且恣意生长。即使年轻时曾经多么反叛的男人也会变得通情达理。不过这或许也与人们对八字眉的印象有关。

虽然我从未化过妆，最近也开始让家人帮忙用剪刀修剪眉毛了。眉毛变得稍细了一些。

女性卸妆后的那种平淡无奇的脸，究竟是"素颜"还是加工过的脸呢？我曾经带着毫不关己的想法思考这个问题。然而现在我也偶尔修理眉毛，所以不知不觉中我也失去了"素颜"。仔细想想，男性每天早上不忘剃干净胡子的行为显然也是化妆（脸部加工），因此男人其实也没有完全的"素颜"。

哲学家和辻哲郎[01]在论及面容时曾写道，如果脑海中不浮现某人面孔的话，无法想象某人的样子。无论他（她）是不是素颜，我们对他的印象本身也是加工过的。所以，可能我们真的不应该轻易对一个人说"我爱你本来的样子"。

01　和辻哲郎：哲学家、文化思想学家，运用解释学研究风土学、伦理学、日本伦理思想史等，著有《古寺巡礼》《伦理学》《锁国》等。

他人视线中的我

在京都的一所私立大学，有一个长期致力于化妆疗法的团队。他们的患者是女性老年痴呆症患者，这些女性对他人如何看待自己已经几乎不再感兴趣。团队给这些女性化妆，测试是否能够延缓症状的进展。

我曾有机会看到过他们的一部分报告录像。几位女性坐在镜子前不一会儿就开始打瞌睡。她们即使坐在大镜子前，也对镜子里自己的形象毫无兴趣，不久就开始耷拉眼皮。然而，团队慢慢地开始尝试给她们化妆，之后会发现她们的眼睛开始有了亮光，仿佛重新产生了一些活力。

时尚是当人们以身体形态出现在某个社会场合时的风格（外貌），因此，关注时尚的人们对于在他人面前呈现的自我形象有着强烈地关注意识。人们从自身中分离出来看自己，这种与自身的距离塑造了每个人心目中的"我"。

提到时尚，人们会说时尚就是自我表现或个性表现。但仅仅只是打扮自己，并不是时尚。有意识地避免在人群中显得另类也是时尚。在裙子下摆开出高叉用以吸引他人视线、佩戴奇特的头饰逗乐他人，这些都是时尚。

当一个人失去对他人眼中的自己的关心时，恐怕也会失去对自己的关心。在自己的事情之前先考虑别人的心情，这被我们称为"礼节"或"礼貌"，但这实际上是对自己的支持。因为人只有在成为他人关心的对象时，最能强烈地感受到自己的存在。没有比不受任何人关注更让人寂寞和痛苦的事了。

时尚是通过他人的视线映射自我和探索自我的行为。

为什么要剃须

化妆似乎总是被认为是女性的专利。如果是男性，可能只有在讨论视觉系乐队等话题时，化妆才能吸引到他们。

然而，如果说在我们的社会中谁在化妆上最激进，或许正是男性上班族。

这并不是在强词夺理。女性的化妆顶多是刮眉和描眉、涂粉底、喷香水，仅仅是身体表面的装饰而已。然而，男性的化妆则是对身体直接介入和改造。每天早晨，男人们会仔细地剃须，整理鬓角，这比女性使用内衣矫正体型更复杂。当然，女性也会剃除多余的毛发，使这些身体部位保持光洁。

再说服装。如果说女性穿裙子、丝袜、高跟鞋这些行为细想起来很奇怪，但相比之下，男性系领带更为怪异。为什么要在脖子上挂一条布呢？

还有，男性为什么每天早晨像着魔一样刮胡子呢？实在令人想不通。

我认为，这是同握手性质相同的行为。初次见面时，人们会伸出手来握手，表示自己没有携带武器，不会攻击对方。同样，剃须或许意味着"我没有隐藏表情的不良意图"，这是一种在公共场合向其他公民表达善意的方式。

别忘记，城市是陌生人近距离生活的地方，本质上非常危险。

面具的作用

说到非日常的装扮，我们一般首先想到的是节日盛装或礼服等服装。但除此以外还有一个重要的装置——面具。面具日语为"面"，既指面具，也指脸孔。古装剧经常出现的台词"面を上げい"（抬起脸来）这句中的"面"就是脸的意思。西方语言中的"mask"也有类似的双重意义，既指面具，也指感冒时佩戴的口罩。

无论是"面"还是"mask",这些词语都反映了人类对外表的敏感,这是对区分素颜和妆容、真容和假面更为古老的感情。

当面具覆盖脸部后,身体会产生有趣的反应。比如,在前文提到的土屋惠一郎的研究中,能剧演员佩戴面具后,觉得身体消失在自己的视野中,心目中自身的身体形象会变得模糊。因此,能剧演员需要重新组织身体的力量以保持特定的姿势。这重新唤起了身体作为运动结构组织的功能。我们的身体不仅仅是物质体。

遮住眼睛也有类似效果。通过视觉阻断,沉睡的皮肤感受和身体的平衡感会鲜明地复苏。

哑剧演员用厚厚的白粉覆盖脸部,以消除脸部的微小表情,仅使用手指、颈部和腿部的肢体动作传递信息,实现沟通功能。面具、眼罩、涂抹的白粉,这些装置使得世界与身体感受的联系通道变得狭窄,反而使身体感觉更加敏锐。那么,服装呢?服装覆盖我们的身体表面,制造身体与外界的间隔,它们究竟起到了什么作用?

服装通过给身体表面设限,不仅干涉视觉和皮肤感受,还干涉身体形态,甚至是内脏感受。

脸是花，衣服是花瓶

随着冲绳尚学高中的首次夺冠，春季的棒球选拔赛结束，职业棒球赛开始了。因为电视台夜间转播的棒球赛和热门体育新闻，每天晚上的电视节目显得更加丰富热闹。人们下班后走在街头，对电子广告牌的关注度也提升了很多。

我曾经在电视访谈中偶然谈到棒球，和嘉宾谈到为什么日本人特别喜欢棒球运动这个话题。对方说，因为日本人喜欢十人左右的小团队活动，棒球运动的团队人数和公司里的科室人数也正好差不多。我则认为是，因为日本人喜欢"回家"的感觉。

且不说谁的答案正确。日本社会的一个特点是注重归属感，比如所属公司、毕业的学校。说到棒球，其归属感的标志之一就是球服。除脸部以外，身着棒球服的运动员们全身看上去一模一样。在其他场合，从公司职员到国会议员，大家一律身着深蓝或灰色的西装，这正是日本社会的缩影。

有种说法将人脸比作花，将衣服比作花瓶，意思大概是：服装的存在是为了衬托脸部。

确实,在我们的社会中,人的存在感集中在脸部。从护照到身份证明,再到通缉海报,构成特征识别的一般都是人脸照片。这或许可以说明,以视觉为中心是现实社会的特征之一。我们通过报纸、电视新闻、电脑通信等各种视觉媒体获取社会信息。

在我曾经的记忆中,比起脸部面容,有些人给我的存在感更体现在背影上。比如,黑暗中衣物摩擦的声音或香气比视觉形象更神秘的魅力。过去,我们甚至能够通过气息来识别一个人。在那个时代,一个人的"面容"信息是由全身的信息综合提供的。

寂寞的电车内化妆

在电车里,越来越多的女性不只是快速地整理一下妆容,而是拿出全套化妆用具,认真地化起妆来。以前,这样做的一般是二十多岁的女性,但最近十几岁的女性迅速增多了。

起初,当这种现象刚出现时,我会用余光偷偷地观察她们的化妆。从眉毛到睫毛,从脸颊到嘴唇……让我不由感叹,真是厉害,化妆竟然细致到这个地步。

同时,我也发现,对于那位化妆的女性来说,我的视线无关紧要。换句话说，我根本没有被她视为一个和她有关系的人。这一点让我有些郁闷。就像在公共场合长时间使用手机通话的人一样，让人感觉她完全没有体察他人的感受，无视他人的存在。

现在，我闭上眼睛坐在座位上，思考着这些事情。对于那位女性来说，他人的脸部似乎失去了存在。对她来说，可能我的脸就像电视屏幕上映出的画面吧，我想。

然而，我突然意识到，虽然我被她这样对待（完全不被在意）感到郁闷，但也许她比我更落寞。她们从小看电视，着迷于电视中的世界，但却可能越来越意识到自己并不属于那个世界。

只有自己被排除在外。不属于那个世界，那里并没有属于自己的位置……。怀着这样的心情坐在电视机前，该是多么落寞啊。

"想要有朋友。"这样的低语是多么失落和痛苦。

寂寞的人们是时候离开电视了。

山寨货的讽刺

最近一种叫作"希巴姆巴克"的化妆品,用于清除毛孔中的皮脂和污垢,十分受欢迎。还有一种在年轻女性中广受好评的洁肤用品是传统吸油纸。出汗时,用它在妆面上轻轻擦拭,效果很好。不过,这种吸油纸据说只能在京都新冈的界隈才能买到。在界隈,满街都是因职业关系穿着和服的人。

然而,祇园界隈富于特色的商品迅速风靡日本后,当地许多小店订单猛然增多,导致山寨货也大量涌现。前几天,我听东京的一位朋友说,他出差去大阪站,看到大阪街头的女性,在她们脸上逐渐感觉不到以前大阪女性的特别韵味了。我想,这一定是妆容导致的。

罗杰·卡约瓦[02]曾在这一点上看到了"现代的堕落"。化妆曾经是变身的手段,是在宇宙中转换自我位置的行为方式。化妆(cosmetic)一词与宇宙(cosmic)有相似的词根,不夸张的说,两者的联系在于,化妆并不是为了面向同一共同体的其他成员的装扮,而是面向宇宙敞开变身的技术。

---

02 罗杰·卡约瓦:法国社会学家、人类学家,他留下了许多关于社会神话、智慧神话方面的著作,如《对角线科学》《神话与人类》《反对称》等。

然而，在现代都市生活中，人们通常不会大胆地改变外貌以成为另一个存在。他们并不是为了"变身"，而是为了微调自己的外貌，让自己在他人眼中更好看。人们不是模仿禽兽或花朵，而是其他人，比如明星。结果，他们看同样的时尚杂志，用同样的化妆方法。原本应该变得个性的外貌反而变得毫无个性，这很讽刺。

如今，就好似人们的脸也穿上了制服。不仅是日本，在整个亚洲，偶像们的脸也越来越相似。这不仅是因为生活方式的相似，更是因为同样的信息影响和标准化了面孔。

美的胜者与败者

化妆、减肥、塑身内衣、美容沙龙、整形手术……为了满足女性们对美的渴望，相关产业应运而生，市场规模已达数万亿日元。

对于人类而言，对美的渴望是相当根深蒂固的。美是一种价值观念，即使对此不加干预，人们在感官上的某种美的标准也会自然产生。换句话说，人们天生就会意识到美丑之间的"差异"。将美视作一种范式套用于人类，本身就伴随着残酷。

然而，美容产业会用一套"温柔"的说辞对此进行包装。比如,"美丽"不仅仅是外表,还要打磨美的内心……但这种逻辑很容易被人们误读为:如果外表不美丽,内心也会懒散;恋爱会使人变得美丽……于是,人们很有可能会进一步扩展这种思维:如果不恋爱,就会觉得自己似乎有某种缺陷。

于是又有人说,理想之美是不断变化的,这一说法使得人们竭力追求美这一行为能够稍稍缓和。但这同样是使"差异"再度生产的言论。这种言论让女性陷入竞争,将女性的意识锁定在外表这一狭小的领域内,最终形成胜者与败者。

健康一旦被视为自我管理的问题,健康受损就会被归咎于自我管理不善或自身不够努力。这种逻辑就像一种威胁。对人们而言,身体管理变成了道德问题。关于美也是同样的道理。一旦设定了某种标准——比如理想的三围尺寸,偏离这一标准的数据就会被视为偏差或缺陷。虽然美的观念可能会促使我们外形皮肤亮丽,但却可能会使我们的内心变得愁云惨雾。

"化妆后的脸之所以看起来变得'透明',是因为展示的只是皮肤表层。广告语中'充满活力的肌肤',实际上也只意味着只停留在皮肤层面的,不能到达其他地方的"活力"而已。"这是法国某位思想家的警句。

可怕而遥远的自我

在堆堆袜开始流行的时代，不少女性几乎将原生眉剃光了，取而代之以重新描画的极细眉。这种化妆风潮甚至蔓延到了高中女生中。

诸如 1960 年代后期的熊猫眼妆和男性留长发，1970 年代后期的朋克风，近年来的身体打孔和金色、粉色头发等，时尚总是以突如其来的方式迅速传播，令人难以想象的各种流行像海啸般席卷而来。

不仅是服装，连脸型也有流行趋势。在如此追求个性的时代，尽管每个人的脸都是独一无二的，但人们为什么要用相同的化妆来打造自己的面容？为什么人们会对与"大家"不一样感到如此不安？

我认为，这是因为人们对自我的距离感太过遥远。

拿身体来说吧。我们几乎对自己身体内部发生的事情一无所知，甚至只能看到自己身体表面的一小部分。别人认可我的这张脸，我终其一生都无法亲眼看见。我们与自己的脸和身体之间竟然存在着如此深的隔阂。

仔细想来，我与作为身体存在的我之间，存在着令人匪夷所思的裂隙。为了填补这道裂隙，我们以与他人相同的方式打扮和化妆。通过如同看镜子一般来观察他人，来确认自己的形象是否也差不多。

自我的遥远感推动了时尚。时尚在意想不到的地方使人"哲学化"。

4 安分与不安分

穿着制服感觉轻松

英语中的"habit"既有习惯的意思,也有服饰、装扮的意思。表示习惯或风俗的另一个词是"custom",其词源也与"costume"(衣装)相同。

这些词汇反映了一个时代的特征。在那个时代,阶层和职业的流动很少,个人身份在社会中比较固定。通过一个人的服装就能判断其所属的阶层或从事的职业,从而对其身份一目了然。

在社会"民主化"后,职业选择变得自由,个人可以通过自身努力"飞黄腾达"。在这样的时代,人们可以自由地打扮,不受传统习惯和风俗的束缚。

民主社会的理念是,每个人都可以塑造自己的身份,或者说必须塑造自己的身份。在社会中,人们需要通过向社会呈现自我来生活。这时,服装就变得非常重要。实际上,在现代,人们的穿着比过去的阶层社会的时代更加规整。从天皇、政治家到银行职员、教师、公司职员,甚至作家和围棋选手,都穿着几乎相同的灰色或蓝色的西装,因为这是所谓"市民的制服"。其实也曾出现过具有挑战性的"反抗的制服",但如今,反抗更多体现在与制服搭配的耳环、厚底靴等配饰上。

人们通过回避自我塑造的疲累,融入"我们大家"的时尚中,获得安心感。

"都说日本是一个民主国家。我们享受着自由。没有强制,人们都能自发地创造各种类似的制服文化。然而,我们真的能说我们了解'自由'吗?"

加藤秀俊[01]在二十多年前写下的这些话,至今仍令人深思。

造就人的制服

换衣服时,人们是想成为"自己",还是恰恰相反,想改变成为"非自己"?这一点很难确定。

我们有时会穿着华丽的衣服让自己引人注目,有时则会穿着朴素的衣服融入人群中。或者,如"衣装"一词的字面

01　加藤秀俊:评论家,曾任广播大学教授。在日常性和交流社会学方面的研究具有前瞻性地位,著作众多。

那样，我们装模作样欺骗他人。甚至，有时也会欺骗自己。法国思想家罗兰·巴特在这个意义上重新定义了时尚。他认为时尚是一种围绕"我是谁"这个问题展开游戏的行为。

这个意义上，制服可以说是"衣装"的一个极端例子。士兵、警察、消防员、司机、保安、警卫……这些人无论在哪个国家，总是穿着整齐的制服，因为他们从事的工作与市民的安全息息相关。他们在群众中必须是可以立即辨认的存在。

然而，制服还有另一面，它能使穿着者把其他关注点排除在外，将注意力完全投入到其任务中去。

这是否可以称为伪装或变装？答案是否定的。比如，裙子和蝴蝶结显然可以称为凸显性别的装扮（虽然"女性穿裙子"仅对于特定社会适用，而且没有功能上的依据），但穿着这些服装，女性从体态到举止会逐渐被塑造成社会期望的"女性形象"。当女性想要从这种压迫性的形象中寻求解放时，首先就是将胸罩和裙子从衣柜中丢弃。

有句话叫"服装造就人"。因此，即使是普通职业人士，由于平时穿着西装，肯定也有过因这身服装而不得不放弃某些行为的经历。

求职服装

今年，大学生们求职时间比往年提前了。新学期伊始的校园里，刚刚脱下高中制服的新生们，会看到穿着另一种制服的学生群体。那是四年级毕业生，他们穿着好几层的面试套装，为求职而奔走。可以想象，新生们看到此情此景，或许会感到些许莫名的压迫感。

不过，与汗流浃背、衬衫湿漉漉粘在身上的季节相比，此时的心情应该会稍微轻松些吧。迎面而来的他们，脸上并没有带着悲壮感。他们的朦胧和青涩的脸上，不时还会流露出些许激动、开心的表情。

求职装最初是为了讨好企业 HR 而设计的，简而言之，是一种"欺骗的工艺"，且带着些许紧张感。然而，现在它已不具有假面或伪装的性质，那种复杂的感觉不再那么强烈。就像上班族的西装和女高中生的堆堆袜一样，制服几乎已经成为意识皮肤的一部分。是的，因为制服非常贴身，穿上后有时候甚至让人意识不到其作为服装的存在感。

性别制服，"孩子"们的制服，暴走族的制服……制服存在的地方，社会便存在。当内心被"制服化"时，人们的棱角被去除，变得顺滑。制服作为衣服失去了本该有的张力。更有甚者，身体和服装之间的内部空间也像漏气了一般，变得软趴趴。

有思想家用以下语言表达了一个关于时尚的事实：视紧张感为生命的时尚，最终会180°转变成非时尚的极端。他认为，时尚是一种奢侈的悖论，其唯一目的，就是最终走向背叛自身精心打造的意义。说到这里，我想起在我所处的地区，把旅馆洗手间常见的带有塑料花饰的厚底拖鞋称为"摩登鞋"。在有些地区的表达中，时尚或摩登这个词表达的首先是地区特色的意思。比如，说起关西的地区特色，让人最先想起的是摩登烧*。

都市游击队

一些大学四年级学生在后期考试结束后，准备着毕业旅行或者滑雪等轻松的活动；还有一些在校生则因就业活动的提前，在夹杂着雨雪的天气中奔波于就业讲座和面试之间。

曾几何时，求职装是标准的藏青色西装，搭配保守的条纹或浅红色领带。然而，最近两三年，可能是时尚中的灰色流行，深灰色西装成为主流。当求职者整齐划一地穿着这样的西装时，气氛有时候会显得过于严肃。因此，他们中有的人会稍微把头发染成淡淡的棕色来做一点平衡。

---

*　叠放炒面的大阪烧。——译者注

当求职者的求职套装形象深入人心时，我有一位年轻的朋友极度厌恶这种氛围，于是斥重金买了一套 Comme des Garçons 的"西装"。然而在这套衣服的内衬里藏着他如炸弹般不平静的一颗心。套装外表看起来是普通的灰色西装，若非是对服装非常了解的人，根本不会知道这并不是普通求职装，而是大牌货。在他心里，隐藏着一种"我与你们不同"的倔强意志，以此来维护自己的骄傲。他好像成了都市里作战的游击队员。

衣服既可以引人注目，也可以隐藏自己。人们穿着制服时，可以让他完全进入某个角色。服装也可以让一个人看起来职业不明，形迹可疑。服装关乎生活的风格，甚至是人生的战略。

因为社会对人们外表有要求，人们反而可以利用服装作为自己的锋芒对抗社会。或者说反过来，穿着难以辨识身份的服装，将其作为一种反抗风格，试图逃出社会的重重包围。我们并不能简单地通过外表来评判一个人的着装。

毕业典礼

我从未参加过任何大学的毕业典礼，包括我自己的毕业典礼在内。据说，近来的毕业典礼听众席讲话的人太多，以至于连致辞也听不清。还听说甚至有愤怒的校长在致辞时中途退场。成人仪式也是如此，也有市长气到在中途退场。

然而，仔细思考一下，毕业后是否真的有什么决定性的变化吗？答案是否定的。毕业生们虽然可能会有一些感激之情，但绝不会有小心或惧怕吧。与其参加毕业典礼，还不如和朋友一起去毕业旅行度过春假，这样的选择已经稀松平常。

日本人类学家将出生、成年、结婚、死亡等在人生重要阶段举行的仪式称为"通过典礼"。如今，几乎没有年轻人再将20岁的成人仪式视为通过典礼的一部分。现代的年轻人在达到成年礼的年龄时，除政治投票外，几乎早已体验过所有成年人才能做的事情。

现代社会，并不会在某一天，伴随着成人仪式的完成，未成年人突然被社会当作大人对待。孩子成长为成年人的过程，不是通过某个短暂的仪式，而是通过学校教育这种长时间的系统性经验完成的。

如今，学校教育早的话从三岁左右开始，（如果上大学的话）一直到二十二岁接近二十年的时间。这个漫长的成人仪式的总时长是孩童期的数倍。可以说，从孩童到成人之间的中间阶段，比孩童期要长得多。在这段时间内，孩子们会持续承受各种软性压力，如课后的补习等。

因此，毕业典礼首先意味着他们从这种压力中解放出来。如今，年轻人为了确认这一点，他们不穿由大人为他们事先准备好的服装，而是穿上和平时完全不同的衣服。他们试图为自己的人生阶段画上句号。这就是为什么近年来毕业典礼几乎演变为了角色扮演派对的原因。

西装的季节

毕业季中，女性过去是和服装扮，现在则一般穿华丽晚礼服。相较于女性，男性一成不变的西装显得有些单调。男女的体型差异并不太大，但男女服装的对比给人极大的视觉反差。

提到西装，人们往往会想到"鼠灰色西装"，这种颜色的西装被视为最普通、最不起眼的上班族制服。然而，近期书店里出现了一本新书，力图颠覆这种朴素甚至让人同情的印象。这本书名为《性与西装》(白水社)，由美术史学家安·霍兰德所著。

她指出，在西方服饰史上，美学所建议和规范的一直是男装。女性服装则不同。为了给人留下深刻印象，女性服装不惜选择行走不便的鞋子、束缚身体的设计、复杂的化妆和各种饰品。而男性服装则随着时代进步逐渐改良，变得更加克制和抽象。

这本书提出了一个令人吃惊的观点：正是西装让男性的

轮廓变得性感。这个观点恐怕会让那些穿着松垮西装的老头子们眼睛瞪得溜圆。大约在1800年左右出现的定制西装，在服装所呈现的男性身体轮廓方面发生了极大的革新。以前男性服装多褶皱、呈梨形，而西装则凸显人体线条，犹如古希腊英雄裸体雕塑手法的抽象化。西装凸显身体形态，完全覆盖身体的同时保留适当的空间，即使大幅度移动四肢或蹲下也不会过于紧绷。西装的表面结构平缓柔和，掩盖了身体的细节特征。当身体静止时，衣服可以自然回复到原本的形态。同时，由于装饰元素少，不容易变形。西装是基于精湛的裁剪技术的服装。

了解了西装的这些历史后，也许我们每天穿西装的方式会稍微有所改变吧。

然而，到了四月，在公司入职仪式上，曾在毕业典礼上装扮华丽的女性们，这次则统一穿上了简洁的西装。

灰色

好久没有逛百货公司的女装卖场了，一逛之下稍微有些意外。从西装到毛衣、外套，几乎全是灰色。这个秋天灰色流行早就听说了，但没想到这么流行。

为什么是灰色呢？虽然可以通过"时下的氛围"来做合理解释，但我认为原因在于时尚实际上是变幻无常的。必须要与上一季有明显差异几乎就是时尚的逻辑。因此,并不是因为经济不景气才流行灰色,而是因为服装商太想准确把握流行趋势(害怕错过流行),对于经济形势过于关注和解读,于是大家都被"这个秋天可能流行灰色"的信息所影响。

然而,对于买家来说,这个秋天,卖场里除了灰色很难找到其他颜色,意味着大家这个秋冬基本都穿灰色。然而,到了明年一般也不好意思再穿,所以最好是抱着只穿一个冬季的心态去买。对流行不敏感的,是卖场的员工,以及那些更关注吃喝拉撒的普通顾客。

买东西时,"大家都有所以我也想要"的心态和"大家都有所以我不需要"的两种心态同时存在。与他人比较的心态在起作用,人们既希望拥有与他人相同的东西以减轻不安,又害怕和他人完全一样会让自己淹没在群体中。因此,在服装的追求上,人们希望与他人相似但在细微之处有所不同。正是在这种自我意识的博弈中,"个性"得以形成。

百货公司的卖场与顾客的这种自我意识结构存在深厚的共犯关系。举个简单的例子,卖场与顾客共享性别差异的固定观念,有时候甚至比顾客更执着。因此,即使是普通的商品如夹克、衬衫、袜子、围巾等,也被严格地分为男女两类。

百货公司或许应该更关注那些对流行和对"典型形象"

的固定观念不敏感的人们。看到商场里的满眼灰色时,我产生了这种想法。

脱离"日常"的"普通"

如今流行简洁风格的服装,比如那些看起来似乎很有品位的工作服。例如由普拉达等品牌所引领的,没有油腻感的清爽风格,被称为"最优雅的'普通'服装"。它不显眼,款式几乎接近日常服装,但穿上后却有种脱离日常的轻盈感,具有一种奇特的吸引力。

就像不涂指甲油,不戴戒指的纤纤素手离开水面的那种清爽感。不管是以"普通"或"简洁"来形容这种感觉,或者以"易穿"或"实用"等奇怪的形容词来概括也好,我都希望人们不要急着用这些并不妥当的词语来将其概念化。

因为,"普通"只是社会大多数人对于安全形象所共有的一个固定观念,而"正常"则仅意味着符合规范。"简洁"则像是在形容人们享用油腻的时尚大餐之后突然想念的茶泡饭。诸如"简朴革命"或"简约生活"这种理念,就像呼吸一样,间歇性地出现在时尚舞台上。近年来,如赫尔穆特·朗[02]

---

02 赫尔穆特·朗:奥地利时装设计师,他极力排除多余的装饰,在功能性和极简主义上达到了极致,对时尚界产生了巨大的影响。

和清家弘幸[03]等人都致力于追求简约风格的极致。

新的服装的产生并不是在"易穿"上追求极致的结果。重要的是,在标准感的服装中(当然服装并不存在真正的标准),找寻新的品味,捕捉新风味发出的细微声音。这种细微的声音不仅与服装的款式有关,还与其质地、面料密切相关。

真实服装

"老爸们那个时代,有各种条条框框的规定真是不错。"曾经记得有一次儿子带着讽刺的口吻对我说过这句反话。对条条框框的抵抗,对社会的焦躁和不满,已然成为一种社会常态。

前不久我看到过一个宣传片。画面中,朋克打扮的青年和小学生在便利店的收银台前礼貌地一起排队买单。一件事物,如果各种因素都具备,却会因此而导致任何因素都失去决定性。这种因为过剩而产生的无奈感,或者说隔绝感,似乎已经深深渗透在当今的社会氛围中。

"真实服装"这个词正流行。它的含义是指去除多余的装饰,仅考虑舒适性的简洁服装。

03　清家弘幸:时装设计师,1993 年创立了时尚品牌 seikai。他设计的服装款式简洁,在线条和材质上别出心裁,赢得了很高的评价。

然而，真正纯粹基于功能性来选择衣服的年轻人到底有多少呢？人们会根据自己的生活方式来选择衣服。引人注目的、低调的、坦率的、挑剔的、叛逆的、小心的、乖僻的、愤世嫉俗的……人们从琳琅满目的商品中寻找最适合自己的那一件。

所以，如果说"真实"的话，那就应该是无任何决定因素的，包含了那种无奈和焦躁感的服装才应该叫做"真实"。

在时尚中，"真实"的服装不是豪华商品或品牌商品，而是"易穿的服装"或"无品牌"。有时候可能是质朴风，亦或是朋克风，甚至反时尚的风格，都能成为流行的时尚。这是消费社会的悖论，也是事实。"时尚的地狱里，所有符号都被放置在相对关系中"（鲍德里亚）。真正应该称为"真实"的，是那些融合了这种认知的服装。

使反抗变得不可能的服装

人们开始注意时尚一般是在青春期。对于他们来说，最初的时尚行为是将成人指定他们穿着的制服乱穿或改装。

但是，最近这些学生制服的造型不再是早前吸满尘埃和汗水的沉重的黑色学生服，而是改良成了看起来"自由"的海军蓝或灰色套装。乱穿制服被视为"个性"或"时尚"，但这样的改良制服让乱穿变得困难了。这和成人难以抗拒西装是一样的。

同样的，当人们走进街上的服装店时，面对超出自己想象力的选项，变得胆怯起来，开始被动地思考哪件更适合自己。尽管初衷并不是为自己挑一件最合身的衣服。在这种情况下，"自由"变得比人们想象力更广阔。

因此，女高中生们反其道而行之，把制服当作时装来穿。她们致力于将制服打造成"挑衅"的形象。这样一来，制服同时具有了规制和反抗的双重意义，这使得"普通的"学生只想普通地穿着学生制服变得困难，"普通"变得不再可能。对制服的改装也是一种时尚。

时尚已经变得让那些对它敏感的人感到窒息。

此外，对流行的虚无主义感受也加剧了这种情况。生于高消费社会的人们，早就知道流行的东西会被消费殆尽并最终淘汰。他们也知道一旦卷入这种游戏，只会变得疲惫不堪。

夏天的办公室服装

我非常怕热，所以办公室的暖气一停，空调就会立刻登场。在家里，刚收拾好暖炉就会拿出团扇和电风扇。

为了防止全球变暖，减少碳排放是必不可少的，因此通产省（日本政府部门）呼吁办公室大楼的夏天空调温度最低设置为28度，冬天最高设置为20度。然而，现代高层建筑都是以安装空调为前提设计的，即使想要提高通风效果，窗户也无法打开。此外，由于废气和建筑密度问题，城市的温度越来越高。

过去，日本房屋和衣物都经过精心设计以改善通风。房屋有大屋檐，檐下挂上竹帘，人们在庭院洒水让空气流动。人们在和服下穿着用竹子编织的内衣，戴竹手镯。

如果建筑物的窗户无法打开，那就只能改善衣物的通风性。西服套装发源于低温低湿地带，所以它的设计是封闭领口、双层袖子、包裹整个腿部的长裤西裤。为了改进西装穿着的闷热感，据说日本男装协会正在研发超轻量的"清凉西装"。

有一点不能忘记，那就是不要因为炎热就剪短衣袖，这种想法未免有些没出息。衣饰文化传承至今的设计还是不能轻松舍弃。另外，西装设计帮助我们掩饰了我们不那么美好的体型，这一点不能忘记。

大家都知道，打着功能性的口号，实际上多多少少伤害了我们最初寄托在衣物上的骄傲。标榜"无牌"的服装设计虽然批判了崇尚大牌的狂潮，但由于自身设计严谨性不足，最终也未能实现初衷。

拒绝吊带背心？

"今年也是如此啊"，我带着复杂的心情看着街上的人。梅雨结束后，就像百花齐放般，街上充满了吊带背心的身影。

在同样的闷热环境下，为什么有些人穿着好几层衣服，而有些人露出肩膀呢，实在令人不解。一眼望去，女性中有很多穿西装的，然而并没有男性可穿的吊带背心裙。

男性能穿，女性却不能穿的衣服几乎没有（比如香奈儿品牌甚至将男式内裤也纳入女装项目）。然而，几乎没有男性能穿的女式服装。服装在两性之间发展的不平衡是进入19世纪以后的事情。男女之间的角色分配使男性的衣服颜色变得单调，而时尚服装成为女性的专属。与男女体型差异相比，男女服装的差异明显过大了。

此外，吊带背心也是具有攻击性的。并不是因为它具有诱惑性。尽管吊带背心大面积地露出肌肤，却对看到的人发出无言的拒绝信息："想看就看吧，但这一切和你无关。"这一点与女高中生穿制服时的意识相似。她们面向她们所属的、封闭的群体内部。

仔细想想，西装也是如此。追求平起平坐的，既不逞强，也不孤立的，面向小圈子的令人悲哀的整齐划一的衣服。

原来代表这个国家夏季时尚是西装和吊带背心啊……我叹了口气，左手拿着皮包和西装上衣，腾出右手用毛巾擦拭脖子上的汗。

不"普通"的高度

年长的人总是搞不懂年轻人在想什么。不管是年轻时曾长发飘飘的大叔，还是曾经不戴胸罩、穿露半臀迷你裙的大婶，现在也同样如此。

几年前流行细眉、唇洞，去年夏天流行吊带背心，今年夏天流行的则是让人忍不住吐槽像扮鬼一样的"山姥妆"和感觉会扭伤脚的、跟高得离谱的凉鞋。

说起高跟鞋，现在10厘米以上的高跟也很常见，因跟太高而摔倒撞头的事故不断增加。但历史上还有更夸张的前例。十五六世纪意大利和西班牙的贵妇间流行一种叫"肖邦鞋"的木制高跟鞋，跟高从最初的30厘米到50厘米不断升级，据说最后达到接近一米的高度，以至于没有侍女的搀扶根本无法行走。

有趣的是，穿高跟鞋后视线增高的女性们，也喜欢在路边坐下或蹲下。低视线似乎同样令她们舒适。

这意味着"不普通"的高度很重要。人们通过偏离社会的"普通"来确认自身存在的独特性。每个人都通过确认自己与他人的差异来证明"自我"。

有趣的是，确认这种差异的方式都是相似的，风格几乎是相同的，甚至连差异都有固定的模式。朋克也是如此，对时尚的强烈反抗最终变成了时尚本身。

人们通过对外表的展示来探求自我，但这种探求再次被时尚所吞噬和玩弄。

无法用年龄层来解释的文化

不仅是高中女生，现在连初中女生也开始化妆了。极细眉和染发等，已经是很平常的妆容。另外，以前只有成年女性在派对上穿的那种黑色透明材质的布料叠穿的风格，现在在小学生身上也能看到了。

另一方面，接近六十岁仍然留长发、穿宽松的棉质裤子和运动鞋的男性也很常见。祖父和孙子穿着相同款式的服装走在街上的情景，也已经不再令人惊讶。

摇滚歌手米克·贾格尔和鲍勃·迪伦都已经步入花甲之年，依然活跃；在埃里克·克莱普顿和吉米·佩奇的音乐会上，四五十岁的观众和十几二十岁的观众在人数上差不多。这意味着我们可能已经无法用"年龄层"这个概念来解释文化和风俗了。

在过去的某个古早时代，老人因其丰富的经验和智慧而受到尊敬。那个时代，年轻人普遍渴望快点长大。接下来的时代，青壮年因其确定的生产力和判断力而受尊崇。如今这个时代，青春因其生机勃勃的生产力而被推崇，人们对衰老感到不安。最终，另外一个时代即将到来。孩子们变得异常老成，而老人们却充满活力。在那个时代，成长和成熟的概念逐渐失去了现实意义。

最近，我问某公立大学的研究生"你觉得自己是成年人还是孩子？"几乎所有人都回答"我是孩子"，这让我大吃一惊。虽然我没有问中老年男性，但估计他们立即回答"我是成年人"的可能性也不大。

一代到下一代，文化延绵不绝传承下来。可是如今的文化，是否只有断代的交替和类型上的细分呢？

"濡湿落叶"的哀愁

在日本，退休后无所事事，跟在妻子后面四处走的男人，被戏称为"濡湿的落叶"。

在那些一心扑在工作上的人身上，这种倾向尤为明显。因为他们将自己的身份认同感完全寄托于工作，所以退休后会感到无所适从。他们发现，原本以为是因自己能力强而完成的工作，不过是倚仗了公司招牌的力量而已，这让他们感到震惊。因此，退休后的他们只能依赖已经过了"彷徨"期的妻子。

"濡湿的落叶"之所以如此，是因为他们无法顺利进行人生的阶段转换。与此相反，有的人在年轻时，能在工作时间开溜去看电影，五点一到就下班去开心追逐自己的兴趣和娱乐，他们的人生是双轨的。这样的人即使一条轨道消失，他们也能自如地切换到另一条轨道。在他们脸上总是洋溢着轻松的表情。

服装方面也是如此。打个比方，如果有人到了五十多岁才经历"初恋"，他们的穿衣可能也会突然变得华丽而不协调。而那些在情感上经历过酸甜苦辣的人，他们的时尚感会得到一定的锤炼，即便在相同经历下，也不会出现前者那样不和谐的着装。

没有经历过时尚锤炼的男性服装也是如此。19世纪以来的服装时尚极力强调性别差异。然而，如今男性穿的衣服几乎没有女性不能穿的，但男性却几乎被禁止穿着女性的衣服。

因此，女性的身体感和性别自我形象相对丰富，而男性则僵化单一，缺乏灵活性。因此，给上年纪的女性化妆，她们会变得"精神焕发"，但如果给中老年男性化妆，他们则会"看起来疯了"。

5 时尚的逻辑

"服装"一词的来源

词语常常启发我们,让我们意识到事物之间让人意外的关联。我最近注意到一个词"human",源自拉丁语"humus",意为腐殖土。因此,"human"这个词最初并不是优越的含义,而是源于人类意识到自己只是像泥土般的低到尘埃而腐朽的存在,是一种谦卑的情感。同样的,"humility"(谦逊)这个词也源自"humus",这就可以理解了。

另一个有趣的词是"hospitality"(款待)的拉丁词源"hospes",既表示主人也表示客人。同一个词同时包含相反的意思很奇特,但如果考虑到当客人来时,主人会将最重要的座位让给客人,即主客位置对调是款待的规则,这也就可以理解了。远道而来的客人是某个集体外部的人,也可能是敌人,因此"hospes"这个词源也产生了"hostility"(敌意)这个词。

再来看看"服装"这个词。英语中的"costume"(服装)源自拉丁语动词"consuescere",意为"习惯"。因此,"costume"(服装)与"custom"(习惯)相关。另外,之前提到过，表示习惯的"habit"也有服装的意思，指的是修道士和修女的服装。

从习惯的意义回到词源"习惯"，可以看到，服装的本质不仅仅是人的形象符号，更是人习惯了的东西。服装是一个人的延伸，是人最熟悉的空间。

幼儿常常需要裹着熟悉的毯子才能安心入睡；或者一直穿着自己最喜欢的那件衣服不让洗，即使别人看起来已经脏了，他们自己仍觉得穿得很舒服，是因为那构成了他们熟悉的空间。穿惯了的服装有一种如羊水般包裹的效果。

镜子与针

在东京都写真美术馆举办的芬兰现代摄影家展览中，通过"潜意识的表达"这一视角，展示了四位摄影师各自极具特色的身体影像作品。

令我强烈着迷的是生于1955年的女性艺术家乌拉·约科萨罗的作品。她的作品更像是小型物件的艺术展示，而不是摄影艺术。她的照片展示了大大小小素色的儿童连衣裙，小的连衣裙上插满了无数的针，仅仅是看着就让人感到疼痛。有两件连衣裙的袖子被红线缝在一起；有的裙子前面的拉链部分被红线缝成一圈，颜色鲜红如血，上面放着一把沉重的剪刀。画了无数个图案的纸样上，线条交集处也插满了针。还有四张照片展示女性在约30年左右的时间里乳头形态的变化。照片特意剪切成圆形，并排在一起，形成对比。在这些照片的正中央，是一张小时候的乌拉被母亲抱着坐在秋千上的照片。

在展览现场，乌拉告诉我，对她来说，这些作品只是单纯的"未经处理的元素"，其中只有"压迫感"的表达。她皮肤发红，声音低沉温和，是一位沉着稳重的女性。

用剪刀裁剪布料，然后用针和线将碎布重新缝合，这样就会制成衣服的形状。这类似于用铅笔勾线，线条将白色平面分割成形状。或者，这也许类似于语言。语言将世界划分为不同的区域。只有通过对经验的切割，生命才产生形状和意义。

因此，剪刀象征着赋予生命最初形状的道具，或者也可以说是象征着生命的最初暴力。生命视野被打开的同时，其中也可能伴随有噩梦或怨念。

在赋予生命最初形状的过程中，母亲的存在至关重要。照片中乌拉母亲的那把旧剪刀不仅仅只是怀旧的物件，可能也包含上述元素。

地位的象征性逆转

今天是节分（日本节气，立春的前一天）。过去，由冬入春的这一节日里，许多地方有驱除邪气的习俗和活动。首先是"撒豆子"。人们边念叨"福进来，鬼出去"边撒豆子的习俗如今已不大能看到。还有一种习俗是将串好的鱼头挂在门口以避邪，但这也成了过去式。

在关西，还有另一种有趣的习俗。老奶奶在这天梳上年轻女孩的发型，穿上华丽的和服，打扮成年轻人。这个节日被称为"おばけ"。"おばけ"（怪婆婆）与"お化髪"（辟邪发髻）同音，带有双关含义，所以有了这个节日名称。

在西方的狂欢节中，国王装扮成乞丐，男人装扮成女人，诚实的人装扮成骗子，贞洁的妇女装扮成淫荡的妖妇，所有人都通过变装来象征性地互换角色。如果用现代的话来说，就是激进的角色扮演游戏。

在现代，除了极端的异性装扮和角色扮演以外，节日中的异装活动也已日常化。早晨化妆，去公司换上制服上班。下班后打扮得光鲜亮丽，出街玩耍。回家后卸掉妆面，回归无修饰的素颜。

就像人们过去只有在节日才喝酒一样，角色扮演也因为

"开心每一天"而日常化，变得不再新鲜。在我们所处的社会中，每个人都在做角色扮演游戏，由此来确认自己在社会上的位置。这意味着，戏剧元素在日常生活中已成为常态，变装只是对自我形象的微调。

过去的人们之所以在日常生活中融入这种象征性的、社会地位反转的仪式活动，是为了在日复一日的惰性生活中注入活力。他们具备将这种刷新装置融入文化中的智慧。

时尚的时间

1998年春夏，吊带衫引领的"内衣风时尚"风靡一时；秋冬则流行一片灰色。而今年的时尚则显得仿佛有些敷衍，缺乏激情。让人感到愉悦，感到带劲的东西，是否能在他处觅得？

20世纪初，新世纪即将迎来新一轮时尚之时，德国思想家齐美尔仿佛预测到一百年后时尚的命运，对时尚的时间感作了如下描述：

"时尚煽动一种感觉。它让一个旧的事物结束，另一新的事物开始，即它将现在这个时间，作为过去和未来的分界点凸显了出来。"

因此，我们能理解为什么衣服明明还能穿，但人们却不再穿了。即使布料没磨损，样式过时也让人不再想穿，因为时尚的任务就是激发人们对新风格的渴望。在20世纪的消费社会，人们生产和消费的不是欲望的对象，而是欲望本身。

这样看来，到了20世纪末，为什么时尚变得软弱无力，人们对前卫一词整体免疫，也就不难理解了。因为时尚和前卫总是试图冲在最前线，直面未知。这让人们感到疲惫。也就是说，人们把注意力集中在完成某件事之后，还要关注接下来会继续发生什么。人们似乎对这种总是要竭力调动意识的生活方式感到疲惫了。不过，正因为如此，即使是在当前的经济持续下滑中，某种安心感也会随之产生。毫不关心经济形式的女高中生会直截了当地说："没有高中女生会为了买Prada链条包在麦当劳打工半年。"（村上龙《爱与流行》）

但是，人不能不穿衣服。那么，下一季会流行什么呢？

不，这样的问题已经过时了。

不不，认为这种问题过时的想法本身已经过时了。

对最前沿的不信

我读了水玉萤之丞和杉元伶一合著的《时下的年轻人》，一本充满幽默意味的书，差点笑得跌倒。

"晚餐后，你的老父亲刻意找了个时机，用装作随意但实际上煞有介事的语气对你说：'啊，最近据说那啥，毛发浓密的男人不受欢迎了，是吧？哈哈。'你有过类似的经历吗？"如果当天的早报上正好有关于男士发量一类的文章，年轻人可能会真的很火大。

表达"最近的年轻人……"时，作者使用外来语"Young"来代替"年轻人"一词，这个词似乎有些讨好年轻人。作者的确总是试图站在反抗者的一边。即使从文体中，也能感受到他们和生于战后的这一代父亲们之间的不愿沟通的情绪和深深的代沟。

"时髦"这个词，本质上也准确地表达了时尚的本质。前面提到，正如20世纪初齐美尔所指出的那样，时尚给予我们一种鲜明的提示，让我们感到某些东西正在结束，而某些未知的东西正要开始，是一种分水岭般的感觉。时尚拒绝既成事物，否定过去。正因为如此，时尚使得新出事物更加尖锐化，呈现出炫目的"前卫"感。前卫的风格、前卫的商品、前卫的企业……

然而，并不是说要无条件地肯定这些最前沿的东西。"年轻人"们可能正是厌倦了这种一味追求前沿的模式。毫无疑问，他们并没有沉溺于那种把未来寄托于幻想的潮流中。比如，1980年代，有些中学女生开始称呼比自己大两三岁的同性为"阿姨"。这或许代表了她们对自己并不遥远的未来的认知。

换季也是时尚的共犯

刚觉得像五月一样暖和，突然又降温了。天气变化无常，让人不知道怎样穿衣。

在日本，日常穿衣换季称为"衣替"。日本列岛是一个四季分明的地方，每个季节更换衣物是人们的日常习惯。在季节更替之际，人们在自然中感受季节的交替，在自然中捕捉即将到来的季节的气息，或提笔写诗，或吟诵歌谣。自古以来这种跟随季节的换季行为也称为"粹"（优雅），或者意味着一种感觉上的品味。相反，如果穿不合季节的衣服，会被周围人投以异样的目光。

这种衣物换季的习惯与20世纪的时尚现象非常契合。

"新"的魅力无穷。时尚不断让"现在"更新，使得这个

"现在"的瞬间更加鲜明。旧的东西结束了，某些新的东西开始了。在衣物换季中，这种分界感的特征越鲜明越好。

不管是水岸边、城乡边界、边境线等各种边界，还是身体内外的边界——皮肤，边界地带总是充满了神奇的生命力。这种鲜活的力量与现代社会中资本增值的速度感非常匹配。

当然，这也意味着高消费社会中物品价值损耗的速度。好坏暂且不论，衣物换季的习惯与现代的"时尚狂想曲"有着深厚的共犯关系。

二手衣服

谁能预测到，在 20 世纪末二手衣服会流行呢？长期以来，我们最基本的欲望是拥有属于自己的东西。身体直接穿着的衣服和鞋子尤其难以与他人共用。然而，在经历了 1980 年代人们那种类似于洁癖症的、尽可能的隔绝异物接触的症候之后，社会突然出现了穿二手衣服的热潮。

有的年轻人会觉得母亲的旧连衣裙或父亲的背心很有趣而拿过来穿；大多数人则会在二手衣服店里寻找旧衣服。这些衣服的布料已经被磨合到很柔软，贴身——即使我不穿二手衣服，也能想象得到。现在的时代感是"看透了这个世界""盛世已过"的那种脱力感。过去那种战斗式的穿衣法则，可能已经不再适合这个时代了。

这个潮流与过去时尚界曾反复出现的复古（怀旧）风略有不同。它并不是在新事物难以显现时，偶尔套用旧式风格那种常规手法。如果认为，在当今所有权意识改变和环保思想的普及下，时尚社会正在终结，这也是一种夸大的解读。

也许我们渴望触摸到时间的质感。随着电话录音、录像带等近代科技的普及，以前那种认为过去时光不可挽回的感觉逐渐变得淡薄，过去、现在、未来的顺序仿佛变得可操控。然而，时尚很快就过时并被抛弃，人们总是充满对落后的焦虑。

名牌追捧和二手热潮看似完全对立，但二者作为对时间的"难以承受之轻"的抵抗，可以归同一种现象。那就是，在手艺人传承的工艺中，在布料的呼吸中，感受到时间重量的无法掌控之后投射出的一种微妙的愿望。

颠覆个性的"角色扮演"

有一位名叫椎名林檎的歌手。在 MV 中，她穿护士服，涂着鲜红的口红，双手叉腰站立，唱着富于攻击性的歌曲，完全打破了"白衣天使"的形象。她唱每首歌都大胆换装，下一次看到时，她又是完全不同的装扮。

"无论如何彷徨，只有行动起来才是胜利。伸出双手吧。"她的热门歌曲《幸福论》和《本能》等歌曲都传达出这样的信息。她说这些是"完全赤裸的哼唱"。

前不久，我在长野拜访了一位护士，她的角色扮演也很惊人。"从袈裟到白衣"，这位年轻女性是一位尼姑，后来兼任护理工作至今。她一直在探索新的在家护理和临终护理模式。她的耳朵上，耳环闪闪发光。

那些奋不顾身，努力活着的人们的角色扮演非常有趣。

通常，人们穿合身的衣服，或者时下流行的衣服，适合自己社会角色或性别的衣服，也就是"合适"的衣服。偶尔也会小小地改动一些细节，使自己的固有形象稍微改变，得到一点冒险的感觉。

真心想冒险的人，试图摆脱衣服带给人的固有印象。所以，他们穿让人捉摸不透的衣服，让其他人猜不透他们的职业和想法，使服装包含的意义消失。前卫派的设计理念往往就是这样的。

而角色扮演采取了相反的方法。通过持续、过度叠加不同形象，打破"合适"的围墙。就这个理念而言，让-保罗·高缇耶是其典型，他的设计仿佛就是一种角色扮演，颠覆传统意义，因此总是让人觉得不可思议。

"美黑"并不是服装的变装，是改变身体形态本身，因此看起来更加激进。但也不能断言化美黑妆的女性一定是为了标榜自我，因为其目的也可能是为了融入相同群体以掩盖自己而已。

难以察觉的潮流

当时尚显得活跃时，我们走在街上，我们会发现明显的潮流趋势，流行品牌也很容易辨识。

然而，现在的潮流趋势有时候很难辨识。无论男女，年轻人的眉毛样式都很统一，因此看起来脸都差不多。年轻人的服装给人一种随意的感觉，他们没有刻意地打扮，穿着相对便宜的、自己喜爱的衣服，给人一种很自我的印象。远远看去，大家的风格似乎相差无几，但仔细观察会发现每个人都有自己的细节风格。

街头氛围如此随意，想要预测下一波时尚潮流的记者们恐怕无计可施了。

然而，潮流趋势看起来明显和不明显时，究竟哪种时尚状态更有活力？哪种更成熟呢？

本来，品牌是消费者根据自身品位和风格选择的，销售方不会强迫消费者购买，选择的主动权在购买者一方，由他们的品位决定。

日本的品牌导向却不同，让人感觉主动权不在购买者。大家因为别人都拥有品牌商品所以自己也买，流行的商品仅因流行而流行。因此，流行品牌不再是属于少数人的，而是多数人的。

许多人试图解读流行。但流行之所以成为流行，除了因为"流行"本身外，并没有其他理由。这就是时尚的逻辑。日本的品牌导向在这方面就是这种时尚现象的典型。当时尚潮流趋势不明显时，这种着装文化难道不是更成熟的吗？因为每个人都有属于自己的、即便是很细微的个人风格。

时尚的讽刺

如今的"情人酒店"和"时尚酒店"，最早叫"情侣旅馆"，后来还有过"倒置的水母"这样的奇妙叫法（因这种温泉旅馆的招牌看起来像一只倒置的水母而得名）。

同样,"mode"和"fashion"这两个词,像曾经的"文化"一词一样,渐渐失去了高级感,变得廉价。时尚反过来成了最不时尚的东西,这很残酷。

"mode"和"fashion"指时尚的形态和形式,用来指代新颖且迷人的时尚风格。所以,如果时尚一旦变得普通,它就结束了。时尚必须不断自我更新。一旦将时尚一词用于物品名称,它的意义就会和物品一样,很快被磨损了。

本雅明写道:时尚是新奇的永恒循环。但他接着写道:真正意义上的新奇只有一个,那就是死亡。

顺便说一下,时尚论的新气息竟然也影响到了科学论领域。科学论有个流行词"范式"。如今,这个词被普遍使用,表示观察世界时的基本框架。继范式论之后,探索包含专业人士和非专业人士双向关系知识生产模式的时尚论成为新趋势。不知道这是否也会作为一种新的时尚被消费。

时尚的悖论

暑假结束了,中学生们穿着校服返回学校。其实,暑假的街头也充满了"制服"——"街"服。

一律染成棕色或金色的头发,细眉,上穿闪亮的衬衫或紧身 T 恤，下穿迷你裙或百慕大短裤，脚蹬高帮靴或厚底鞋，或者是白色堆堆袜搭配运动鞋，肩背松垮及腰的双肩包。本应自由的时尚，怎么会变得如此整齐划一？

有人说，脸也穿"制服"。在同一文化中，不仅动作，人们连表情也变得相似。有哲学家说，如果没有语言，人们难以判断自己处于怎样的情感环境中。然而，表情的作用不可忽视。比如，母亲和婴儿交流时，通过慢动作和夸张的表情回应婴儿，帮助孩子理解自己。表情的交流中人们进入彼此的镜像关系，表情交叠、共通表情，再加上语言交流，人们得以逐渐"磨练"出自己的个性。共通表情在这时就成为一种安全保障了。

最近，年轻人的街头着装时尚似乎有点过度保险的意味。O-157 事件*之后，人们的衣食变得单调，街头风景由此失去一些层次感和活力。在这种沉闷的气氛之下，有些年轻人试图通过模仿他人着装改变自己疏于打理的形象。角色扮演中，在 X-JAPAN 或黑梦等视觉系摇滚乐队的演唱会上，穿着与乐手们一模一样的女性就是这样的心态。在旁观者看来，这似乎是丧失自我的极致。但对她们来说，这种装扮是自我解脱的通路。

---

* 1996 年 6 月 "O-157" 大肠杆菌导致的日本多所小学发生集体食物中毒事件。——译者注

然而，当这种装扮被越来越多人模仿时，终会成为"制服"，成为一种自我丧失。这就是时尚的悖论。

代替感

约三十年前，我一个在美国生活的朋友讲述了他在美国生活初期的一个令他吃惊的体验。

他第一次去一个当时日本几乎没有的大型超级市场，看到顾客的购物方式时感到非常吃惊。因为他们将食品、内衣、卫生用品和平装书放在同一个购物篮里。

基于他以前在日本的生活经历，内衣作为贴身穿着、覆盖排泄器官的用品，如果和食物放在一起会让人无法接受。书如果与刚脱下来的带着体温的衣物放在一起还可以容忍，但如果与超市里的廉价内裤——日语过去叫作"下履"——随意放在一起是不可想象的。所以，对当时的他来说这是一个超现实的景象。

在美国超市里，涉及身体或生理的东西被公开展示，物品分类的原则被彻底打破，一切物品的本质都等同于"商品"，被满不在乎地摆放在一起。不过，这种轻松自在也让他感觉不错。

在超市里，所有商品不论其本质如何，都被随意放进同一个购物篮。物品作为物品本身的价值消失了。现代消费社会没有任何决定性的存在，而超市象征了这一点。这是一种明亮光鲜下的虚无主义的景象。

当然，人类离不开食物和衣物，但人类并非必须依赖某种特定的食品和特定的服装才能生存，对其并没特殊性的要求。正如旅行的费用不用现金也可以用贷款的形式来支付一样，所有东西都可以有代替品。这种总是可以有代替品的感觉，构成了现代人对物品的基本态度。

街头时尚

街头时尚的主角是青少年。从东京涩谷到大阪美国村，都是他们的圣地。他们在城市中漂流，街头时尚也随着他们移动。

当十几岁的青少年开始用自己的零花钱自由购买衣物时，街头时尚随之而生。20世纪60年代是起步期。当然，成衣的廉价供应也为街头时尚的产生提供了便利。他们对成衣进行自由混搭和改装，形成了与设计师建议的穿着方案完全不同的独特风格。杂志和摇滚文化的兴起也推动了这一点。

20世纪70年代末竹笋族[01]出现，80年代后期的年轻人放弃高档品牌精品店（更是一种抵制），开始转向旧衣店和跳蚤市场，街头时尚达到高潮。

街头是他们的舞台。在这个舞台上，时尚杂志上的高端时尚被错位、降级，甚至被戏弄，但街头时尚也对设计师的灵感产生了强烈的影响。错位、贫困主义、反时尚、新浪潮、女高中生风格等都是街头时尚的典型。街头时尚和流行设计的相互作用关系正在加速。

时尚被称为"社会的皮肤"。人的身体出现小问题时，会在皮肤上显现，如长痘、红肿、发炎等；不良情绪也可能使皮肤干燥，有时甚至会造成自我伤害。同样，时尚也会反映出社会问题。

文学家多田道太郎曾经对街头时尚发表过新奇的评论："年轻女性穿着奇异的服装在街头行走。我认为她们在哭泣。她们以不合理的行为来表达哭泣。"（《风俗学》）这种不合理的行为，就像孩子不明白自己想要什么而耍赖一样。因此，这时候问孩子"你想要什么？"是没有意义的，同样，试图将这样的街头时尚解读为某种特定意图也没有意义。

01　竹笋族：指20世纪70年代在东京原宿出现的年轻人群体，由于他们像雨后竹笋一样迅速出现而得名。

向街头学习

东京涩谷的中心街和大阪南区的美国村是年轻人聚集的代表地。与涩谷中心街不同的是，美国村的年轻人的脸上更多充满了无忧无虑的笑容。不论是情侣还是同性群体，很少有人面带愁容或表情阴郁。在这里，大家似乎互相影响，脸上洋溢着明朗的表情。

他们每个人都在享受自己独特的穿衣风格。有的戴鼻环和眉环，有的甚至在耳朵上戴十几个装饰别针、透明塑料耳环或木制耳环，也有人完全不戴耳环。领带的图案、裙子下摆、长到膝盖的打底裤，无不体现着他们的巧思。在这里，"绝不穿和别人一样的衣服"的大阪人的极端个人主义，已经深深植入了孩子们的心中。

在信息社会中，人们常说信息发送 / 接收的"位置"不再具有意义。然而，作为最接近身体的环境，时尚直接诉诸于人类的皮肤感官，因此，它很容易与其他身体感觉联动，例如气候感、触感、痛感、听觉、味觉、以及其他各种身体感觉。因此，身体所处的文化"位置"具有重要意义。

在对话中，表情、声音的大小、眼神的投向、肢体接触等在不同地方有很大差异，这也是因为身体文化也有"方言"。因此，人们的穿衣风格受到"位置"的强烈影响。

无须多言，时尚是摆脱这种"位置"束缚的手段。然而，"位置"仍然执着地影响着时尚。观察街头时尚，这一点显而易见。

牛仔裤

牛仔裤有着悠久的历史，这是毋庸置疑的。它总是以某种不寻常的形式与时尚紧密相关。

在牛仔裤登上时尚舞台之前，人们所说的打扮通常意味着穿着礼服，穿平时不舍得穿的衣服或鞋子，用心搭配首饰，总之要与平日不同。也就是说，打扮意味着盛装。

然而，从 20 世纪 60 年代末到 70 年代，T 恤、迷幻印花衬衫搭配喇叭裤的组合等廉价时尚席卷街头，晚礼服作为曾经的时尚经典退居二线。之后，随着嬉皮士到朋克、垃圾摇滚的流行，简约的，甚至是粗糙的、肮脏的、寒酸的、廉价的时尚开始在时尚界一幕幕上演。

牛仔元素敏锐地响应这种礼服退潮的趋势。褪色、磨损、破洞，还有宽松的超大尺寸捆扎穿法等，成为反时尚的一部分。

在 20 世纪 80 年代，出现了无尾礼服、蝴蝶结、牛仔裤的混搭风格。在这个搭配里，牛仔裤承担了类似于"杂音"的角色。

这个时代，伴随着都市的混搭风、乡村风、手工风等因素在"自然"时尚导向的大趋势中扎根，成为一股强大的逆流。这种时尚的脱离感，成为反时尚的一种形式。

名牌追捧和二手热潮，在这二者叠加和渗透的基础上，出现了牛仔裤的复古款和高仿货的时尚风潮。

总的来说，牛仔裤在占据街头一角的同时，也成为时尚中反时尚的实验素材之一。或者说，牛仔裤成了这种格格不入的边缘时尚的实验品。虽然牛仔裤本身在穿着中并无压力，但因为它自带与时尚完全相反的年代感，在时尚世界中，它总是作为一种脱时尚的象征而发挥作用。褪色的靛蓝、大幅的褶皱，牛仔布纤维制作中所蕴含的要素都映射出布料的时间感、人生的厚重感。牛仔裤这种混搭所带来的乐趣，和之前提到的学生制服的变形也很相似。

牛仔裤是当人们想要自由，甚至想要从时尚中解放出来时，常常会想起的一种元素。

恶趣味的挑衅

我曾经认为年轻人染金发实在不合时宜，但现在已经不再惊讶。对女高中生的堆堆袜和辣妹的花哨美甲也免疫了。过去一般只在"上流"社会的沙龙或夜晚的高档俱乐部才能看到的香奈儿，现在电车里看见也司空见惯了。

最极致的可能是金子功[02]的 Wonderful World 系列的带有大量荷叶边和繁复花色图案元素的超级分层服装系列。这个系列里，格子图案、碎花图案、泰迪熊印花等元素被层层叠加。

最近，恶趣味成为时尚的一个基调。曾经的日本社会被称为"一亿总中流化"*，当时，人们认为所谓"上流社会"那样明显的阶级分层已经不明显。在那个时代氛围下，高级定制和奢侈品牌讽刺地沦为了恶趣味的典型。在这里，西式服装一开始就是舶来品，梦寐以求的华丽并不一定具有原初的价值，而有可能成为离经叛道的符号或反价值的象征。比

02　金子功：日本时尚设计师，1982 年独立创立 Pink House，以花卉印花搭配运动夹克的设计风靡一时。离开 Pink House 后，推出 KANEKO ISAO Wonderful World。
*　盛行于 20 世纪 80 年代之前的一种大众观点，认为日本人绝大部分属于中产阶级。——译者注

如仿约翰·加利亚诺或薇薇安·韦斯特伍德高级定制设计风格的挑衅风格的礼服，大众也只能在除夕的歌曲大赛上饱饱眼福而已。这种装饰过多、富有表演风格的服装，通过"过度"使其原本的意义或"该有的样子"失去了存在的基础。在这个层面上，它与拒绝和剥除一切意义的极简主义或反时尚做了相同的事情，只是方式相反而已。其实也是从反向呈现了刻板印象的平庸性。恶趣味沉重的过度感与轻松的自由感的本质相联系，这也是时尚的讽刺。

反抗的时尚

一位被称为"妈妈偶像"的女歌手，梳紧绷的头发，戴1厘米长的假睫毛，化着最潮的妆，被大众嘲笑为"奇怪""恶心"。然而，针对她的负面评价不断加码，却突然风头逆转成了"极致"的正面评价，紧接着她的演唱会门票总是即日售罄。

无论多么不可理解的风格、多么令人不适的打扮，最终都会被作为一种有趣的时尚融入城市景观。这削弱了时尚的反抗力量。

反时尚的代表"朋克女王"薇薇安·韦斯特伍德试图打破这种封闭感。最近她将朋克与高级定制这两种时尚的极端混搭在一起，精心创造了"朋克定制"。

性感的衬裙、高跟鞋、蕾丝阳伞、妖艳的袜扣等富有性诱惑的元素和象征性压抑的晚礼服搭配，带着戏耍的意味；对待女性身体的态度，仿佛就像是修剪观叶植物或揉捏黏土工艺品一般，是对维多利亚时代或美好年代*时尚的复制模式。

当前的时尚轻松地超越了性别的界限。亮闪闪的衬衫、耳饰、发型和眉妆都失去了性别差异。然而，这也意味着性别的想象力变得贫乏，逐渐变得同质化。对此，薇薇安·韦斯特伍德感到不满，她反而在设计中开始极端地夸大这种落差，甚至到了一种恶作剧般的程度。

她的设计似乎在说，无论是娇媚还是性感，都很好。尝试任何积极的事物，并将其可能性更充满能量地展现出来，这就是朋克精神。

高级定制

高级定制是只为一个人定制的服装。

不进行外包或量产，根据每位客户的尺寸，经过多次打样，从材料到设计和几乎全部由手工制作而成的最高级别的

---

*　美好时代：Belle Époque，从19世纪末至第一次世界大战爆发，欧洲科技、文化、艺术日臻成熟的时代。——译者注

服装，谓之高定。高定的客户一般是皇室、上流阶级、大富豪的夫人，以及银幕女王们。高级定制必须得到官方机构巴黎服装店协会的认证，并注册在案。"专属"的裁缝、声望和所谓的"名门"。在高定的世界里，充斥着"华丽"一词。

过去的上流阶级，字面上是指统治阶级和特权阶级。他们总是"被看见"的人。正如"noblesse oblige"（位高则任重）一词所示，上流阶级在道德上也必须保持高贵的态度。即使他们在背地里无可救药地堕落，外表也必须如此表现。他们负有展示道德标准的义务。

如今，每个人既是"看"人的人，也应该是"被看"的人，每个市民都有义务维护道德标准。然而，所谓上流阶级反而经常堂而皇之地、让人头疼地、毫无顾忌地偏离这一标准。这些偏离甚至反而成为"名门"的标志，最终使得他们在反道德上享受特权。

例如，故意晒成体力劳动者特征的深色皮肤（能够将皮肤晒到如此程度也意味着有钱有闲）；在严格要求穿正装的场合，将燕尾服与牛仔裤（工人的服装）混搭。这种"狡猾的"时尚受到热烈的欢迎。

高级定制时装屋邀请朋克风格设计师作为首席设计师的例子也不足为奇，比如迪奥的约翰·加利亚诺、纪梵希的亚历山大·麦昆、爱马仕的马丁·马吉拉等。

时尚不仅为特权阶层，也为新贵们提供服务。当然，也为时尚人群服务，尽管他们对这种攀附权贵式的服务嗤之以鼻。这一点在朋克鼻祖薇薇安·韦斯特伍德和日本的"先锋派"设计中鲜明地展示出来。受反道德的，含有粗俗、撕烂、破洞、做旧、皱巴巴等元素的时尚的强烈影响，"顽皮"的设计师们在 20 世纪 90 年代开始受邀在高级定制时装屋担任首席设计师。这是高级定制有趣的地方之一。

在同质化中竞争

年轻一代的服装意外地同质化。虽然流行迅速变化，表面上显得非常多样化，然而一旦某个流行出圈，其感染力带动下的同质化速度惊人。想想堆堆袜和吊带裙的流行，就可以立即感受到那种整齐划一。对于他们来说，或许时尚是能够对"我是谁？"这个问题给出答案的最便捷、最重要的媒介。就像刚收到礼物时，兴奋地摇动漂亮的包装盒，猜测和寻找里面的东西一样，人们通过穿新衣服拼命地探寻自我。

另一方面，对于成年男性来说，同质的服装（制服）就是西装。西装几乎成为男性市民的制服，不仅是上班族，皇室、政治家、企业家、教师和艺人都普遍穿着，已经超越了人们在身份、阶层和贫富等方面的差异。在普遍穿着西装的基础上，人们会在领带的图案和搭配的品味上展示一点"个性"。

没人愿意穿与他人相同的衣服。但从这两个例子明显看出，强制性规定下必须穿着制服的场合就不用说了，即便是能自由着装，人们也会穿几乎同质的服装。

"几乎"是关键。虽然穿着几乎相同，但在微小的偏离中投注自我。在几乎与所有人相同的节奏下，谨慎地做微小的冒险。他们讨厌与他人相同，但又害怕完全不同。普通人稍显寂寞和悲哀的小确幸，通过时尚毫不留情地显现出来。

时尚的感受性

在一个平凡的学术单位，一位年轻的编辑最近的新发型看起来就像幕末的志士或浪人，他把头发整齐地束在脑后，穿着西装。这种打扮几年前只在广告公司的职员中见到，但现在已经逐渐普及到了普通上班族中。

此外，长发、喇叭裤等 20 世纪 60 年代的男性时尚元素再次回归街头。"寒酸"风格的贫穷时尚系列就是其典型代表。

跨性别也是如此。除了男士耳环和护肤品，最近还出现了男士香水。20世纪60年代，粉色或橙色的迷幻风格衬衫、带荷叶边的衬衫打破了男性服装的性别形象。

复制过去是时尚的常用手段。将过去的形象重现于现在，这种复古手法经常出现。

三十年前是父辈的时代。老一辈曾经的反抗形式被现在的年轻一代重新引用了，但并不是作为直接的反抗手段，而是作为一种有趣的元素被融入混搭之中。年轻人将20世纪50年代和70年代的风格交叉融合，乐享其中。

人们对整齐划一和同质性感到厌恶，对包裹和束缚自己的东西格外敏感，甚至在感知到这些情形即将到来时，就开始觉得不安起来。不管在什么时代，这种感受都在召唤人们打破界限、破除旧有价值。

然而，如今日本的年轻一代大多数只是将这些方法视为方法本身。因此，父辈与子女想法各异，沟通并不容易。

惯性的原型

本季的Comme des Garçons系列坚定地背离了服装时尚一直以来追求"易穿"的趋势。

复杂的裁剪、精细的天鹅绒面料……这些精心制作的服装让时尚的秀场气氛更加浓烈。

不做与他人相同的事、绝不延续上一季的风格、使用过的布料绝不再用……每个系列的展示都是对上一系列设计的彻底颠覆，令观众目不暇接。

Comme des Garçons 近年来的造型有着巨大变化，例如：对"一战"时期的军服元素的利用；打破固有黑色基调，对粉色、蓝色、紫色等鲜艳色调的极致混用；女装采用男士灰色西装款式，打破制服的性别界限；廉价花色衬衫搭配围裙，营造出昭和 20 年代的主妇形象……这些造型的彻底自我颠覆的动力是什么呢？

时尚有一种能把"反对"和"脱离"也纳入其中的力量和惯性。为了不被这种力量吞没，川久保玲试图以比时尚更快的速度奔跑。为此，她甚至可以毫无眷恋地舍弃"反时尚"的外表。

即使在选择与他人不同的服装时，我们也会暗暗冷眼观察社会的多数派。我们标榜自己的一致性和持续性，实际上也会很容易陷入惯性。川久保玲的态度，或许是对这种惯性的一种尖锐的警告。

刻板印象

所谓恋爱,就是觉得"没有那个人自己就活不下去",彼此都觉得对自己来说对方是无可替代的存在。但实际上,从相遇、约会、通信、第一次接吻等,几乎所有恋人都以近乎相同的方式谈恋爱。恋人们对对方说的情话,也几乎都是让旁人感到害羞的陈词滥调。仔细想来真是令人难为情。

然而,无论是这些陈词滥调表达的感情本身,还是回顾时感到难为情的情绪,人们一直无法避免一遍遍地落入窠臼。

虽然曾有哲学家说过,如果我们没有语言,就无法明晰当前到底是什么情绪袭击了我们。但感情本身是模糊不清的。所以,母亲对婴儿用极其简单的语言加上表情进行交流。妈妈说"不要"的时候严厉地皱着眉头,或者是边抚摸孩子的脸颊边说"真好啊",或者带着快哭的表情说"很痛吧"并拥抱他……母亲的表情和动作起到了镜子的作用,使得孩子能更深入地理解自己的情绪和处境。

服装是将个人存在形态定型的一个重要媒介,包括欲望、性意识、性格、行为模式的定型。在具体的社会人格形成中,服装起着重要作用。

因此，当我们想改变自己时，首先关注的是改变服装，因为这意味着摆脱定型。青春期的少年对时尚感兴趣，并总想要打破现有穿着模式，就是这个原因。

但经常许多人去买衣服，却总觉得找不到适合自己的而空手而归。归根结底是因为他们不知道自己到底想要找寻和打破什么。

打折季

打折季来了。除了那些想保持品牌形象的企业，大多数商店都开始低价出售库存商品。平时让人驻足流连却望而却步的橱窗玻璃上，将贴满诸如"清仓""处理""售罄"等商业标语。

打折这样的行为相当于暴露出时尚的素颜，让时尚界集体卸妆。此时，暴露出的不是服装的价值，而是时尚的价值。

尤其是高端品牌。以前为了保持高档形象，标价奇高的商品，现在成了滞销货。而品牌方却以感恩特卖的名义，将其大幅降价至二三折出售。

据说以前滞销商品曾被废弃到垃圾处理场（当然，这也是经过成本计算的）。然而感恩特卖的想法相当巧妙。对卖方来说，他们希望清空库存，但公开降价会使消费群体扩大，从而损害品牌形象。另一方面，对品牌信徒来说，他们也不想"追逐"打折而伤害自尊心。因此，作为"被选中的人"而"享受"到的感恩特卖成为购买打折品牌的一个再好不过的理由。

从秋到冬，究竟是什么被消耗掉了呢？不用说，是时尚符号带来的价值。人们花费金钱，买到了一种引领时代、对时代气息敏感的自我价值感（当然，也意味着容易跟风）。

更关键的是，消耗了时间。

和时尚一样，无论是产品开发还是学术创新，"领先他人"都是极高的评价。在公司里，项目、计划、制作、推广、利润、前景、进步等，都是以"前进"为基调的一致朝前迈进的姿态。尽管我们称现在为后现代，但大家仍然习惯于孜孜不倦不停前进的生活。

幻象编织的现实

幻象看不见、摸不着，然而我们的现实却由幻象编织而成，这已经毋庸置疑。

当看电影、看照片、看商品目录、翻阅杂志、读报纸。

或者写信、打电话、发电子邮件时，我们看到的不是真实的人体或物体，而是人和物的影像或模拟图像。它们只是意象、幻象。

它们吸引我们，激发欲望，让我们心动、颤抖，甚至引出一些邪恶的情感，煽动淫靡的兴趣；或者引发愉悦或悲伤。不仅仅是消费活动，甚至政治和经济动向，根本上也受影像的驱动，因为所谓现实本质上是由感受幻象的神经组织编织而成的。法国的一位哲学家称其为现实物的想象性构成。

当我们思考化妆和服装时，各种绚丽现象的背后就隐藏着这一点。比如，人无法直接看到自己的脸，只能通过镜中的影像或照片看到脸的映像。身体也是如此。我们能看到的身体部位仅限于手、腹部和腿的一部分，头部、颈部、背部永远在视线之外。自己的身体离自己竟然如此遥远。

因此，人们一边通过观察着他人看待自己的目光，一边通过自己各种影像来补齐自己心目中的自我形象。人们通过映像重构自己的脸和身体表面。植鸟启司在阅读了我的时尚论《时尚的迷宫》一书后，在他的文库版解说中评价道：本书的要点在于对"可见的'我'仅是'自身的类似形象'"，即"无尽的镜像王国"这一时尚悖论的分析。

时尚是影子，一种我们看不见的东西的投影。

屏幕内外

时尚有一种在世界打开风洞般的解放感。无论是顶撞、逞强、搞怪、调皮，或是脱离日常，稍微改变一下平时的服装频道，就能让我们一天充满愉快的心情。但这也意味着可能很容易厌倦。

除了时尚，城市中还有许多通向这个世界外部的出入口，比如神社、大树，以及偏僻可疑的场所。神社象征着与我们日常生活完全不同的价值观的所在。大树象征着超越我们人生的悠久时间。偏僻昏暗的地方与这个世界难以立足的反价值世界相连。通往这个世界的外部，有许多通道。

电影院的屏幕和电视的显像管曾是这样的城市出入口之一。平淡日常中无法遇见的东西，在那光影中展现出来。

然而，现在的媒体所呈现的影像并不再与日常现实世界完全隔绝。两个世界仿佛变得可以自由进出。

所有人都可以通过屏幕关注足球比赛或少年暴力事件等。普通人也能够进入演播室，在综艺节目中发言、唱歌，或坐在观众席。在电视屏幕的内外，人们意识上的差距几乎已经消失。观察时尚最能体会到这种差距的消失。正如视觉系乐队的时尚如今已成为一道都市和谐的风景线。

在这种情况下，无论是政治事件还是艺人的丑闻，本质上都是被作为信息被同等地消费。世界上所有的事件，只要被作为信息对待，被按序排位，就会件件都归于平淡无奇。时尚和服装也是如此。对此，鲍德里亚说："时尚是将所有符号置于相对关系中的地狱。"

可是，在如今已经失去大树、寺庙和偏僻地带的新都市里，人们从哪里找通往这个世界外的出入口呢？

6 关于风格

风格

一边是尽量融入"普通"外表群体的人们，另一边是妆容惊悚，仿佛民间故事里的山姥一样的女性。虽然同为时尚，为什么会有如此鲜明的对比呢？

所谓的"我"，首先必须作为我的具体的身体而存在，或者以身体为坐标而存在。当我们回忆起已不在世的人时，我们首先想起的是他（她）的音容笑貌。

然而，尽管说起"我"时首先指的是身体，但实际上我对自己身体的内部甚至表面的信息都知之甚少。当然自己的背部是看不到的，甚至连别人识别我是谁的那张脸，我一生也无法直接看到。我的身体只不过是我想象中的像而已。

这个"像"与"我"所处时代的各种身体观念密切相关，与化妆和服装的构成方式紧密结合。装饰身体的哪个部位、隐藏哪个部位、突出哪个部位、改变哪个部位……这些都反映了时代下人们关于身体的固定观念和强迫思维。时尚就像一种游戏，通过将自身形象与一个时代人们共享的身体形象（身体解释）进行整合或抗争，从而树立自我身体的形象。

社会的目光通过服装和化妆反映在身体上，这种眼光赋予人们欲望的形态，制造出人们情感的肌理。它不仅确立了对社会的顺从形式（所谓的标准服装），还确定了对这种生活框架和包围的反抗形式（即使是不良少年，也有他那个时代的固定风格）。我们在衡量自身与这些社会观念的距离时，形成了自己的风格。

"时尚是关于人类意识中最重要的主题（'我是谁？'）的游戏。"（罗兰·巴特）

扎根于身体的风格

有时我会参加同龄人的聚会。在这种场合，我观察大家的穿衣风格时，有时会不禁发出感叹。公司或政府机关的工作人员上班时全员都穿西装，但一旦出现在这种气氛比较轻松的聚会时，他们就会呈现出各自不同的穿搭"喜好"。

比如说，他可能总是穿夹克，不打领带，背人造革的肩包，穿橡胶底的鞋子，长发盖住耳朵（白发相当多）。或者穿海军蓝色的西装外套、格子衬衫搭配棉质长裤，再加上一点我行我素的姿态。

行业不同，风格自然也有所不同。但让我感慨的是，人们个人的穿搭风格真是难以轻易改变的一件事情。

包括穿衣打扮、说话方式甚至唱歌方式等所有这些行为在内，人一旦形成了适合自己的行为风格，就会像对食物风味的喜好一样执着。

仔细想想，人类的身体活动是通过对某种规范或样式的习得来实现的。例如，语言的学习就是将人类本能逻辑的发音替换为符合某种音系的发音规范。一旦学会，人就无法回到原来的自然发音。比如，触碰到烫的东西或被人踩到脚，脱口而出的不再是婴儿时期的自然叫声"哇"，而是代之以语言"烫！"或"痛！"一旦学会用日语说话，再学习其他语言时，发音的转换就会变得困难。走路、抓握，当然也包括穿衣，这些情况也都类似。规范和样式在身体活动中的影响根深蒂固。

"文体即人"这句话也适用于样式。所谓样式，也包括文体，它是镌刻在身体上的，在某个时代与社会接触、感知世界的方式。这种差异和距离很难克服。

无风格的风格

只卖适合十几岁到二十来岁的年轻人衣服的服装店，我一般很少进去。有一次进去，只看了一眼就感觉有些晕眩。因为那里的"风格"实在太杂乱了。

里面摆放的服装包括：过去只在百货店打折卖场售卖的那种廉价面料的衣服、围巾和凉鞋；并非民族风、复古风或垃圾风，而是做旧风、常服风格的衣服；类似于 1970 年代 Kenzo 那样的各类格子图案、格子和花卉组合图案的衣服；类似于早前逼仄的南店街杂货店里售卖的那种塑料串珠满覆盖的手提包和拖鞋。适合男孩们穿的则是普通的纯色夹克、毛衣、暗淡的水蓝色和红色的围巾等。这些衣服仿佛从世界各地市场和服装店随意采购而来。

它们和棕发、金发、素颜、美黑妆都不搭，适合搭配平底鞋，适合光头造型或发辫造型。它们也是基本与"盛装"的时尚感几乎无缘的、接近恶趣味的衣服。这些衣服是无风格的风格，或者说是品牌之外的品牌。它们被摆放在色彩艳丽的货架上，付款后被装在看起来似乎朴素却很时尚的纸袋里，由顾客带回家。如果大家日常穿衣是按照模板来穿的话，那么这里就向人们展示了一种根本不必根据任何模板穿衣服的感觉。

抵抗有方向，但漂流没有方向。没有勉强，不是羡慕什么或拒绝什么，而是轻飘飘地、随心所欲地漂浮着的感觉。站在店里，我感到，若要用"美"这一术语来讨论时尚毫无意义。若是想在这里的服装里找出所谓的"意义"，会陷入空虚。

那种"随性"的气氛的确令人舒适。当然，如果满目皆是"随性"，也不免令人喘不过气。这或许是我的一种主观感受吧！

"粹"的构造

在大学的讲座上，我们探讨了关于哲学家九鬼周造的相关研究。九鬼周造曾在"二战"前的京都大学文学部教授西洋近代哲学史。他在欧洲生活期间，与柏格森、李凯尔特、海德格尔等深交，是当时最熟悉欧洲哲学思想的日本人之一，以其在"偶然性问题"等世界级高密度思考方面的贡献而闻名。

九鬼周造有一本著名的著作——《"粹"的构造》。这是他在日本的代表作之一，被岩波文库收录。

这本书以"粹"的感觉和花街游廓的风雅韵事为线索，探讨了渗透于日本古典文化中的一种独特的感受性和美意识。

书中论述了"粹"的本质，即"成熟且有韧性的性感"，并在这种本质中看到了以妩媚为基调，同时交织着武士道理想主义影响下的坚韧感、佛教无常观影响下的决然感的"粹"的整体样态。其中最有趣的是他对花街艺伎装扮和举止细节的细致观察。

"粹"的美学要素包括：艺伎的容长脸、柳叶眼、淡妆、散发、柳腰、赤足、出浴的姿态、身披的薄纱；和服后领处露出的大面积的雪白脖颈，身体看上去仿佛站不稳似的美态；左下摆的开叉处微微露出白皙的腿部的和服穿着姿态；竖条纹的图案；性感带黑色调的灰、茶、蓝等被称为"粹"的色彩等。

在这些要素里，我们看到了打破平衡故意使事物整体变得不稳定的偏离感，以及无法与某事物融合而始终保持隔阂的紧张对立感。书中通过细致的观察和推论，对这些应该称为时尚之精髓的要素，进行了冷静而明确的分析。

书中没有提到男性时尚，这一点略显遗憾，但即使与齐美尔、罗兰·巴特和鲍德里亚的作品相比，它都不失为极为出色的时尚论。

顺便提一句，这位九鬼周造教授总是穿着一件几乎到膝盖的暗色学生服式长外套，看来似乎是山本耀司的设计师款西装。

高雅

高雅（chic）。

低调、朴素、有点深沉，但又充满细腻的美感……这就是"chic"，意思是高雅，用日语来表达，相当于"粹""上品"，或"潇洒""洗練"等词。再想想日语中"高雅"的反义词，可以列举的有：土气、俗气、粗糙、浮华、华丽，或者是油腻、繁琐、沉重、腻味等。时尚中的"高雅"的意义其实几乎等同于"都市的"。

时尚强调低调或沉稳，关联着都市人的礼仪和品位。它包括尊重个人隐私、不过度介入他人生活、不过分自我主张、克制直接的情感表达；它含蓄、随性，但又有某种张力；它冷静、轻盈，仿佛带着淡淡的色彩。

束缚、纠缠让人生厌，沉溺、讨好他人的行为更不可取。

九鬼周造所定义的"粹"是"成熟且有张力的性感"。以此为基础，他解释了和服中关于"粹"的纹饰和色彩。

首先是条纹。平行的不交错的条纹,表现出与他人不纠缠的、有距离感的关系。

其次是"粹"的色彩,包括鼠灰色、茶色、蓝色三种色系。尤其是茶色,既具有色彩的华丽,又带有暗淡和寂寞的意味,呈现出一种不执着的妩媚,或者是成熟的性感。"沉浸于色彩但不深陷其中,这就是'粹'。'粹'是在性感的肯定中带着暗淡的否定"(《"粹"的构造》)。当自身内在的对立力量达到极限的平衡时,紧张感和张力产生了。"高雅"对"松散"和"懈怠"是最厌恶的。

一眼看上去可能显得朴素而不引人注意,但如果留意观察,就能看到在那静谧且沉稳的表象背后隐含的诱惑和忧郁,那种润泽与通透下的张力;"高雅"所蕴含的正是这种深邃而富有内涵的性感。

模糊性的诱惑

盂兰盆节过后,返乡高潮告一段落,出差的商务人士又重新成为新干线的主要乘客。尽管如此,暑假期间的拥挤状况还会持续一段时间。

这条新干线（东海线）的男乘务员与在来线*不同，看起来有些悠闲。东海线各站点之间的距离较远可能是原因之一，但更重要的原因在于东海线乘务员的制服所传递给人的印象。

首先，东海线制服宽松的尺寸就让人感觉很有松弛感。但比这更棒的是，鲜艳的橙色底色上印着抽象图案的花哨领带设计，据说这是山本耀司的设计。

铁路乘务员肩负着乘客的安全重任。然而，担负重任的严肃的西装，其颜色和形状与充满玩心的领带之间构成了鲜明对比，这种不协调是魅力的关键点。在同一套衣服中若干矛盾元素共存，造成了形象的摇摆和不稳定，这正是时尚中的诱惑法则。高跟鞋很纯粹地具象化了这种不稳定的魅力。一个毫无破绽的人，即使受到尊敬，也不会吸引人。丝毫不显露任何不幸阴影的人显得浅薄。百分之百的男性或百分之百"女人味"的女性，总显得有些不真实。相反，那些表面上仿佛是某种类型，却同时散发出与之背道而驰的气味的人或是内心隐藏这种对立的人，往往散发出有些危险的气味而让人过目不忘，反而更吸引人。

---

* 指除了新干线之外的旧日本国有铁道（JR）和各个民营铁路的线路。——译者注

除了电影《朦胧的欲望》以外，导演路易斯·布努埃尔还拍摄了一部《白日美人》，这部电影的女主人公是上流社会夫人和妓女的双重身份。导演深知不确定、模糊性才是诱惑的关键。

裙子之谜

仔细想想，裙子真是个奇妙的东西。男女之间，若论体型和排泄的方式也没有那么大的不同（有些地区，男女都蹲着小便）。但在我们的社会中，男女却穿截然不同的衣物——裤子和裙子。

听到过这样一个说法：如果有一封信件不希望被他人发现，最好的办法是将它不封口，随意放在桌子上的其他文件之间。有一位法国精神分析学家将这种不封口的信件比作女性的裙子。

如果信随意放置在那里并未密封，但事实上却不允许你去看。于是，女人的裙子就像这封不封口的信一样，同时发出"想看吗？"和"不准看！"的信息。男人因此内心痒痒又无计可施，只能带着些许恋恋不舍移开视线。迷你裙或开衩裙的设计更加重了这种感受。

既隐藏又展示，这种精巧的诱惑手法，隐藏在女性装扮的方方面面。

比如，勾勒身体的曲线、让内衣轮廓浮现的紧身针织连衣裙。还有透视效果的衬衫，或者低胸的上衣。

究竟是想展示，还是想隐藏？不确定是这种诱惑战术的核心。因为人们的欲望总是被模糊的、不稳定的事物所吸引。

当然，这是对异性来说的事，对穿裙子的本人来说就有点不一样了，因为这不再是视觉上的问题。

然而，现代的迷你裙改变了这些。女性穿这种裙子可以大步走，甚至跑步。即使并不是丰满圆润的"女性化"身体，也能驾驭它。迷你裙甚至改变了女性的体态，使女性的性感范围大大拓宽。

这样富于诱惑性的裙子，是否有一天也会消失呢？

统一感反而无聊

柳腰、柳叶眼、容长脸、淡妆、披发、后领、左襟、竖条纹、浴后……这些是哲学家九鬼周造在《"粹"的构造》中列举的"粹"之美态的例子。

不稳定、非对称、重叠、流动、混乱、晃动、若隐若现。所有的一切都让人感觉到身体表面的动感。

所谓"诱惑"大概也是如此。让你觉得似乎能看到而实际上却禁止你看；内心似乎有意却表面拒绝；看似表面整齐却总觉得哪里不对劲。也就是说，两种对立的向量同时出现。

因此，从头顶到脚趾都在传递"我是女人"的信息，这种富于一致性的时尚是无聊的。相反，虽然基调信息是"女人"，却剪了超短发、穿男士夹克或衬衫、穿休闲裤、粗声讲话、动作大大咧咧，在这些方面背离基调信息。这样的时尚，反倒吸引人的目光。因为人其实是无法被统一归类的。

同样，用全身传递"我是一个端正的成年人"的时尚也是无聊的。潮流图案的领带、不经意间的调皮、背双肩包、口袋里 Hello Kitty 的周边，这些小细节往往能吸引他人的目光。

"人类总是分裂的，总是反对自己的。"这句话来自 17 世纪的思想家帕斯卡尔。时尚以可见的形式实践了这句话。杂乱无章、缺乏平衡，这就是时尚的人类观。

混搭的舒适感

20世纪80年代,"混搭"一词流行起来。比如牛仔裤搭配高跟鞋这种不协调的时尚。在以前的时尚规则下,如果搭配出错,可能显得缺乏品位,甚至庸俗。然而,十多年过去了,这种小小的时尚冒险逐渐变得成熟起来,不匹配的搭配反而显得优雅。

昨天的电车上,我偶然看到一位年轻女性,她穿着一件正装风格的黑色羊绒大衣,下面露出一条休闲的卡其裤。一位刚刚步入老年的男士则穿某品牌黑色斗篷搭配牛仔裤和运动鞋,显得很有气质。

"混搭"意味着违反传统的穿着方式。不仅是礼服和制服,日常服装也有作为符号的约定俗成,大家无言地遵守和相互制约。不匹配所带来的舒适感,正是由偏离这种定型的轻松感所带来的。新的时尚总是从打破某种约定俗成开始,在高雅与低俗之间出现,并无意识地重新定义高雅与低俗。"混搭"的时尚正是这种过程的体现。

因此,如果"混搭"也形成了定型,就会失去意义,因为"偏离"的感觉在于它是在接近"崩溃"的边缘与定型的嬉戏。整齐划一是最糟糕的。长久以来,通过归属某个集体来证明自己是谁的生活方式一直被大众所推崇。人们满口都是对他人的附和之词，唯唯诺诺，自信缺失，仿佛通过互相确认过活。与这种模式保持距离的多维人生，反而更挺拔、更有趣。"混搭"的穿着方式向我们传递出这样的信息。

山本耀司和三宅一生

这个秋天，我注意到了两件很棒的衣服。其中一件男装是在山本耀司的店里看到的。这件衣服有一种几乎没有色彩的抽象风格，但同时还带有一种像是老大不小却还赋闲的无业游民或者混混般玩世不恭的感觉。这两种极端的元素相互对立，让人上瘾。

还有一件是看起来像一块黑色海绵的衣服，厚度大概一厘米，衣服没有口袋、纽扣，也没有领子，长度及膝，面料光滑，穿上就像俄罗斯先锋派笔下的人物。如果是稍微胖一点的人士，可能穿起来会像哆啦A梦。因为没有口袋试穿的时候手无处安放，有种非常不安定的感觉。

女装中吸引我眼球的是一件三宅一生的衣服。这件衣服展开后有点像一件和服，不过它上半身是美丽的褶裥和运动衬衫的组合，下半身则类似于和服的下摆。但这只是其中一种穿法。根据穿法的不同，可以穿出优雅的礼服或时尚的休闲装的感觉。布料似乎在传递信息："你的形象由你自己决定吧！"

三宅一生的设计，有时候故意让衣服保持未完成的状态，剩下的交给穿着者。这会让穿着者一度感到困惑，然后开始真实地面对自己。我曾听说，有一位喜欢三宅的女士，一度被这个环节弄得很苦恼。她曾经穿着一件全新的三宅的衣服睡了一晚上，把它弄得皱巴巴的，最后才想清楚如何去穿它。

山本耀司和三宅一生的衣服，仿佛在若无其事地和我们聊天，但无意间却引发我们诸多思考。现代城市设计或许也需要这种能够激发我们主动性的"未完成"的设计吧。

男装时尚

提到时尚，人们通常认为那是属于女性的专利。男性则通常认为自己只是旁观者，一直以来都是这样。

然而，在过去的大多数时代，男性一直把自己装饰得比孔雀还要华丽。19世纪以来的两百年间（在日本的话是从明治维新开始算起），男性的服装开始失去色彩。在17世纪的法国，贵族男性们会用红色缎带来固定袜子。日本战国时代的伊达政宗*，以大胆的几何图案和繁复的色彩搭配的服装而著名。不仅服装华丽，伊达一族即使在东北的寒冷季

＊ 安土桃山时代奥羽地方著名大名。——译者注

节，也只穿着单薄的衣服，这样的对外表的极致追求的男子在日语中被称为"伊达者"。江户的普通市民为了在穿着上不僭越贵族，但又想满足自己的时尚心愿时，会在和服的内衬绣上极其繁复艳丽的图案。

不过，尽管男性成了时尚的旁观者，但他们对时尚的追求之心并没有消失。后来西装作为男士常服的基本形态确立并普及后，反而可以玩出更多花样来。所谓自由，是基于坚实的框架约束之上而言的。在我学生时代，每天上下学路上都会遇到艺伎和修行僧。一方是华丽的极致，另一方是简朴的极致。二者都是服装的极致，想要超越他们并不容易。但有了这两个明确的极致（二者距离越远越好）以后，人们反而可以在这之间自由地游戏。因为他们在服装上的小小冒险基本无法超越这两极（艺伎和修行僧），这反而比较安全。

提到西装，大家普遍会想到鼠灰色的普通西服。尽管从潮流时尚的角度来说，西服的评价不高，然而，不得不说西服是最能让普通男性的身体看起来更得体的衣服。例如，尽管西服完全覆盖身体，但如果剪裁适度宽松，就算四肢大幅度活动或蹲在地上也不会让人过于紧绷。西服在身体的表面形成一个柔和的平面，能够掩饰身体不太理想的局部。当身体动作停止时，衣服能即刻恢复原形。而且，由于西服装饰元素少，不容易穿坏。

定制西装重新整合了人体的形状，形成了克制的、抽象的现代风格，其裁剪技术精妙而富于现代感。而女性服装富于褶裥、花边、化妆和配饰、精致的内衣、高跟鞋等装饰性元素。两类服装形成了强烈的对比。

有了坚实的基本框架，西装设计就可以在此基础上大胆发挥了。例如，在背面或内衬绣上裸女图（山本耀司有很多这样的设计）；黑色的上衣袖口或下摆点缀刺绣花卉图案，或者大胆地使用橙色或黄色的几何图案（大阪的男性很喜欢这种颜色）。我有一个比我年长一轮的朋友，他的正装白衬衫的背面印着像纹身一样的迷幻图案。我还见过一个中年男子穿着印有玛丽莲·梦露裸照的橙色皮夹克。对于时尚，大家真的都很有自己的想法。

年轻人也是如此。我认识一个报社记者，他在找工作面试时，实在不想穿那种求职套装，最后买了人生第一件Comme des Garçons的西装，穿起来和其他求职的男人几乎没有区别，但内心其实隐藏着有些凶猛的想法。他把这套西装称为"都市游击队的战斗服"，以此来维持内心的平衡。

我常用来搭配黑色西装的领带，是沉稳而明亮的蓝灰色底色，上面重叠红色和银色的线条，领带上写着"禁欲主义"四个字，但从上面解开两个扣子后，会露出一行法语"Stolcisme est impossible"（怎么可能禁欲）。

高雅、丹蒂主义的人，可以称其为一种略带批判的，与社会主流保持距离的人。我一直愿意把他们"偏离"主流的人生态度表述为"脱离"。他们不被常识和道德裹挟，优雅、轻快，偶尔有点恶作剧的想法，但眼神深处充满深厚的热情。

不被束缚意味着能始终保持冷静，但同时也可能意味着没定性，让人难以捉摸，看起来似乎不负责任。他们以这种随意的表象，探索着适合自己的平衡。然而，当时代变得浮躁不安时，真正的没定性的混蛋也变得众多，这时能够承担责任、可靠的男人，反而格外显得帅气。世事真是奇妙。

九鬼周造所定义的"粹"（时尚）的概念"成熟、有张力、性感"的审美意识至今依然存在。在这个夏天，穿着没有一丝褶皱的长袖西装的禁欲系男子，很有魅力。

绅士风度

如今，矜持和丹蒂主义这样的词汇，早已和"伊达者"一样，变成了过时的词汇。

不随波逐流、不依赖他人、不被他人的夸赞或恶语所动、不被自身欲望驱使、不多话……像这样遵从内心的自然情感、不让形象崩塌的丹蒂主义，在如今人们寻求"轻松感"的时代，显得格格不入。和前卫艺术一样，丹蒂主义如今看起来就像是从前的时代纪念品。

生田耕作[01]的《丹蒂主义——荣耀与悲惨》一书中说，被认为是丹蒂主义典范的乔治·布鲁梅尔[*]，无论是追随流行，还是反过来让自己的风格被模仿，他都极力避免，编织出"一种世人难以效仿的风格"，通过"极限的减法和删除"，让别人无法读懂他的一切。

"在街上行走时，如果被人盯着看，那说明你的穿着太过讲究了。"这是布鲁梅尔的一句名言。

然而，人们穿衣正是为了吸引别人的目光。他们穿显眼的衣服，通过做加法而不是减法来表现"个性"。表达是将自己展示出来的行为，但在丹蒂看来，这是一种"软弱"的时尚。

01　生田耕作：法国文学研究者，原京都大学教授，其涉猎包括曼迪阿格、帕代伊、塞琳等诸多作家。他也擅长随笔文学，是作者大学时代的法语老师。
*　18世纪末和19世纪初英国的时尚先驱。——译者注

比如，穿上亮丽的原色或奇特图案的衣服，是一种被动的时尚，目的是吸引他人的目光，从而确认自己的存在。这种方式与其说是"爱人"，不如说是"希望被爱"；与其说是"恨人"，不如说是"希望被信任"；这种被动的生活方式，与"希望被治愈"的等待姿态相通。丹蒂主义一直被称为"男人的美学"，但或许也应该被更多女性所了解。

黑

前几天，我在某个时尚的酒店目睹了一对年轻情侣的婚礼。令人惊讶的是，二十多岁的女性很少穿色彩鲜艳、华丽的和服或礼服，尽管是夏天，但她们大多数人都穿着黑色的时尚而爽利的服装。

最近穿黑色的人很多。无论是西装、连衣裙，还是搭配吊带裙上的半透明开衫，黑色调的服装都很常见。胸罩和指甲油也经常见到黑色的。不论是成年女性还是青春期的女孩，都是如此。

过去几年里，黑色确实已经作为一种基本的服装颜色固定下来。最初，人们觉得黑色象征着压抑、不顺从和绝望，认为它令人不安。因为黑色带有不幸、罪恶、悲伤、丧失、孤独和恐怖的意味，以及象征着权威和强权。

然而，这些象征性的意义后来被淡化了。黑色带来的解放感，让人们摆脱了对颜色的过度定义（比如男性穿深蓝色或非彩色；女性则穿红色、粉色和黄色）。尽管黑色作为颜色仍然很醒目（黑色是很显眼的颜色），但它同时传递着"禁欲"和"诱惑"这两种相反的信息。这种矛盾的魅力也是它的吸引力所在。

黑色能衬托得其他东西显得更美。它让白色皮肤看起来更有透明般的、散发清冷的性感。折射光线使纹理变得柔和，让面料的细节质感更佳，并让布料蕴含的时间感显现出来……布料的高贵气质能通过黑色展现出来，令人愉快。

日常化的颜色过剩

大约十五年前，曾流行过一种叫"乌鸦族"的全黑时尚。黑色象征"丧"，穿黑色毛衣或夹克需要勇气，所以"乌鸦族"的出现在当时给人以非常强烈的视觉冲击感。

这不仅象征了某种对时代的放弃、封存、埋葬，更代表了对自身的哀悼。它更像是一种静默而深刻的决断，意味着放弃或拒绝。刚开始，这种感觉并不令人厌恶，反而让人感到真实。后来，它变成了一种大流行，成为一种普遍的时尚，如今连女中学生都喜欢穿透视的黑色衬衫，中年女性也在日常穿黑色。黑色最初的"丧"的意义完全消失了。

过去，像夕阳的颜色一样华丽的红色曾是令人生畏的颜色，不能用来穿着。黄色和紫色被称为"禁色"，仅限于高贵的身份穿着。颜色曾代表着敬畏。

随着染色技术的发展，人人都能轻松穿上鲜艳的颜色，人们反而通过纯色来表达非日常的感觉。黑色已经成为日常色。然而，最终这一切也会变得日常化，就连所谓非日常的感觉也将逐渐从身体表面消失，因为人们都只穿自己熟悉的颜色，给自己的可能性越来越小。

颜色的过剩使日常生活和节日的差异越来越小，同时也将非日常的神秘感覆盖掉，最后只留下了懒散和钝感的空气。

一位我熟悉的布料工匠说："我觉得黑色、深蓝色和原色就够了。颜色不应该是做出来的。"

我认为这是一个深谙颜色谎言的人说的话。对他来说，可能现在流行的所谓的地球色、生态色等，都只是虚伪的名称而已。

衣服的方言

我有个朋友在学生时代曾住在京都,当他离开京都时,说了一件让我意外的事情。他说,在完成艰苦的工作后终于回到家时,听到身边的京都人脱口而出"松了一口气"的那一刻,是他在京都最美好的回忆。

说到这里,我想起了当面对棘手的事情时,京都人常常会摸摸头,喃喃自语道,"真难啊""糟糕了""没办法啊"。这些表达充满了情感,是我非常喜欢的表达方式。还有"刻薄鬼""急性子""调皮蛋""小炮仗"(小炮仗),这些极为形象的、简短利落的、形容人性格的关西方言词汇。

每个地方都有自己独特的方言,接触这些方言就像品尝当地的美食一样,是旅行中的一大乐趣。

过去,着装和行为举止也有着"方言"(鲜明的地方特色)。而如今的衣服,除了节日服装外,基本上没有地方特色了。在现代,时尚信息通过杂志和广播媒体传播到各个地区,信息化社会解放了人们的身体,使其脱离了出生地的束缚,但同时也在一定程度上压抑了人们从身体深处涌现的情感表达。因为,我们在某些感情激烈的时候,还能够用我们土生土长的地方的方言,像呻吟或哽咽一样表达自己的情感。然而,在现代社会中我们却难以通过服装来表达情感了。这样想来，打耳洞、身体穿孔等自我伤害行为，或许是提升身体作为情感发泄场所的必要方式。

正如英语成为世界语言时失去了其作为方言时的一部分细微的语感一样，西服从欧洲文化的组成部分扩展到全球文明的组成部分，已经成为衣服的世界语言。现在，在全球的任何偏远地区，都能看到人们穿 T 恤和棉质内裤。西服的内涵变得更加单薄，削减了原本应有的某种东西。那种东西究竟是什么呢？

关西的华丽

最近关西旅行中，京都、大阪、神户三个城市的巡游线路"三都物语"已经定型为一个成熟的线路。这三个城市共有的时尚品位，其中有一点就是"华丽"。三个城市华丽的感觉包括协调的富于润泽感的华丽、浓烈的华丽、带透明感的干爽的华丽，有细微的差异。但不论是人们对于穿衣的狂热追求，还是人们对城市时尚品位特点的考究，这种对于时尚的用心或穿衣文化的个性主义已经深入人心。换句话说，他们讨厌随大流。

这种关西的华丽，常常与强烈的自我主张联系在一起。关西人强势、喜欢出风头等说法也屡见不鲜。但这种华丽，目的真的是彰显自我吗？

今天，时尚作为个性表达和自我主张的媒介，这一点已成为常识，但时尚原本还有另一个重要元素，那就是使他人赏心悦目。关西的时尚从古至今都包含了这种元素。

例如，夏天穿黑色透明的和服，让观者的眼睛倍感凉爽；舞伎的和服和腰带精致华丽，让路人赏心悦目；或者是僧侣，他们将自己置于世间最谦卑之处，以极其朴素的服装，为苦恼众生带来深深的慰藉。传统服饰也是如此。比如大阪南部男女老少都喜爱穿戴五彩缤纷的服装、夸张的饰品，他们服饰搭配很大胆，在穿衣时很喜欢被他人关注，愿意为他人带来热闹与愉快的感觉，这是一种富于"活在当下"精神的时尚，是一种充满服务和娱乐他人之精神的时尚。在这里，衣服仅仅因为有趣就被肯定。

我想把这种关西的华丽称为"有关怀之心的时尚"。当我们在流行现象之外重新构思衣服时，关西的这种华丽或许能给我们一些启示。

现代服装已经是"和服"

在某种意义上来说，现代服装已经等同于和服。它非常适合现代日本的居住环境和工作环境，从皇室到茶道、花道和歌舞伎等传统文化的从业者，几乎所有人在日常生活中也都会穿着现代服装。如果和风指的是日式风格，那么今天现代服装就等同于和服了。制造和销售和服的商人们都穿着西服。就连内衣也很少有人再穿老式的裈衣或腰卷。

夏目漱石曾指出日本近代化，尤其是精神上之近代化的"非内发性"。但柳田国男在昭和初期已经断言，在日本"西服的普及是极为自然的"事情。时代已经超越了日本对近代化的犹豫和怀疑。

我们中的大多数人现在生活在"西式"的房间里，穿着"西服"，坐在椅子上吃"西餐"，在办公室里用电脑输入横排文字*。"西方近代文明"所创造的东西已经成为我们的血肉，不再是借来的。日本人已经在某个时期，用自己的方式完全改变了衣着。对此，柳田国男说："一个国家的国风是什么，这并不是一个容易回答的问题。"

因此，日本的设计师们在巴黎时装周上大放光彩，也是情理之中的事。

前几天，我偶然有了一次可以集中观摩三宅一生近年来作品的机会。过往的服装理念，一般是通过对布料剪裁、缝合，最终制成贴合身体轮廓的衣服。而三宅一生则打破了这种理念，提出了一种设计，那就是将整块布料直接穿戴在身

---

*　明治维新前日本的文字书写都是竖排。——译者注

体上，通过身体与布料的对话来完成服装。这种对衣服的结构性的提问正在改变服装本身。这个尝试，是在非常接近于对和服的反物[02]面料的理解的层面上被构想出来的。我亲眼目睹了这一切，感到非常惊奇。

和服的品味

受二手潮流的影响，二手和服也开始受到欢迎。在我居住的京都，在东寺和北野天满宫，一直以来每逢庙会都有跳蚤市场，售卖各种二手和服。以前这里主要是外国人的专属市场，但最近却挤满了十几岁的本地年轻人。

在电车里常常看到女性们在穿木屐时，在脚指甲上涂上蓝色或深棕色的指甲油，这成了一种流行。丸山敬太[03]最近提出的和式服装风格的时尚，或许是率先捕捉到了年轻人的集体无意识。说到和服，市场上要么是昂贵且缺乏实用性的工艺品般的振袖和服，要么是沐浴后穿的简单浴衣和服。到目前为止，面向年轻人的和服市场只关注这两个

02　反物：一件和服所需要的布料，宽九寸（约34厘米），长2丈八尺（约10.60米）。
03　丸山敬太：时尚设计师，常为明星艺人设计服装，于1994年创建了自己的品牌，三年之后就前往巴黎时装周。品牌名为Keita Maruyama，其作品以怀旧风格和温暖气息的设计受到欢迎。

极端。一直以来，对于年轻人来说，和服始终只是非日常的服装。

然而，现在年轻人感兴趣的是，与上述类型相异的，能够作为日常服装的和服，以及与高科技运动鞋形成对比的，天然材质制作的、具有亚洲风情的木屐类的鞋子。他们将这些和式风格元素和现代的无国籍风格的日常服装搭配在一起穿。

不是作为豪华的、盛装的打扮，而是以一种随便的、完全放松的"穿着随意"的态度重新审视和服。这应该被视为对当前和服产业的一点启迪和警示。

现代人朝着既定目标奔忙，一刻也不能停歇。在这样紧张的时间感中，如果能够脱离片刻，宽松的和服会带给人们非常舒适的感觉。布料与布料、布料与皮肤之间充盈的柔软空气会令人非常愉悦。很多家庭里，外出穿的和服渐渐变成了日常穿着，经过几次修补后拆改成为坐垫套，直到最后变成抹布。和服中蕴含的这种循环利用的思想，作为一种文化渐渐变得时尚了。年轻人是否正通过重拾对二手和服的关注，试图从这个角落为世界开辟一个通风口呢？

从衣服得到救赎

服丧期的人们怀着深深的悲伤。英语中的"Sympathy"（同情）一词源自希腊语，意为"共同承担痛苦"。我们穿黑色的和服来表达这种感情。

即将出嫁的人、即将踏上冥界的旅者身穿白色装束。送别他们的人穿着黑色装束。人们为了他人祈福，在冬天仅披一层薄布沐浴，或是戴着戒指宣誓爱意。有时甚至不惜伤害皮肤。

当人们臣服于某种东西、委身于命运、想使心灵安定时，为了保持情绪的平衡，他们会改变穿着。当被无法承受的悲伤包围时、当下决心不改变自己的志向时，人们会躲进衣物中重整自己的姿态。人们有时会从衣物得到帮助和拯救。

在我们需要打起精神时，会将领带和腰带比平常系紧一孔，穿上艳丽的衣服，涂上浓烈的口红，穿上更高的高跟鞋……反之，当希望一天静心不被任何人打扰时，则会穿上不显眼的服装。

改变外在形象对于调整心情非常有效。调整心情的另一种方法是打乱日常生活的节奏。学者勒鲁瓦-古兰[04]在《行为与语言》一书中详细分析了这种方法。例如，通过断食或不眠来打破生理器官的习惯，或通过熬夜、昼夜颠倒、禁欲等方式来破坏自然的节律。通过舞蹈练习强迫身体进行强度性的运动，或以修行的形式强迫身体进行比较艰苦的作业，人们通过干预自己的身体形状、姿势和动作，极力保持自身的平衡。

服装在诉说

常有人问我，该如何选择服装？

可能是因为我日常穿的衣服看起来有些奇特。我的日常穿着包括：过度熨烫显得光亮的衣服，仍留有衍线的衣服，多层染色的衣服，左右形状不同的衣服，双面穿的衣服，像抹布一样凹凸不平的衣服，留有针脚线的衣服，反面穿的衣服，而且这些衣服基本全都是宽松的大尺寸。

近二十年我一直穿同一个设计师的衣服，至今一件都没有淘汰。最开始买的一件夹克直到这个秋天还在穿。即使衣服会光泽消退、变得松垮，但因为本身就是这种风格的衣

04　勒鲁瓦-古兰：法国民族学者、史前艺术学者，著有《史前时代的宗教》等。

服，所以不会显旧。

"可疑"是这些衣服的魅力之一。当穿着它们时，没人能猜到我的职业。尽管每个人看到我时，都会带着好奇的眼神，猜想我是做什么工作的。所以，我感到非常自由，因为不必事先限定自己。

就算不清楚我的职业，但人们还是能从外形远远辨认出"我"，因为人的形态具有独特性。

另一个魅力是，衣服会与人对话。这个设计师设计的衣服袖子特别长，能把手指都完全遮住，所以看时间时必须卷起袖子。当另一只手被占用时，则只能把戴手表的手臂举到空中露出手腕来看表。数次之后就觉得，看手表太麻烦了，反正时间到了电车也会来吧，哪怕错过一班车又如何呢。这样，心境和举止行为就发生了微妙的变化，同时，也似乎暗暗地感受到了设计师的某种心情。当然，偶尔对这种设计感到反感的时候也会有。

时装只有有人穿上时，设计的价值才得以实现。彼时，设计师的心情和想法，通过衣服传达给穿着者，对世界的触感也自然而然地链接。

变得内向的服装

"明暗反置妆容"这个词是学生教给我的。

通常我们给眼睛涂上比皮肤颜色深的眼影，嘴唇涂上比唇色鲜艳的口红，这是基本的化妆方法。然而，最近却流行在眼睛和嘴唇上涂上比肤色更浅的妆色，反而把皮肤涂成晒黑的褐色。这就是明暗反置妆容。

几年前，反面穿的衬衫和裙子也曾流行。通常我们的身体接触的是衣服的内衬，反面穿的衣服则让身体直接接触衣服的外表面。虽然穿着衣服，但身体却仿佛处在衣服的外面。这就是明明穿着衣服却感觉自己处在衣服之外的感觉。

但仔细想来，衣服的表面和内衬确实难以界定。衣服的表面显然是对于他人来说可见的一面，而内衬则是贴近穿着者皮肤的一面。然而，如果把衣服看作身体的环境，那么衣服就是身体最接近的外部环境。也就是说，从外表看不见的内衬是身体首先接触的部分，从这个意义上说，这部分自然也可以被认为是衣服的表面。

到目前为止，最热衷于研究衣服与身体接触部分设计的是内衣和运动服制造商。拿胸罩来说，像棉花糖一样的质感、柔软贴身、透气性好、能很好地吸收汗水和气味，都是在设计上所需要追求的。

在空调运转良好的室内，人们更注重穿衣的皮肤感受。现在的内衣设计采用的是比天然纤维结构更为紧密的新材料，这呼唤着内衣和运动服制造商在其技术和经验的更新上的更多投入。近年来，服装变得更向内探索。

为了脱去自我而购置的衣服

当衣服脏了，我们会换掉。当它变得破旧不堪时，我们会买新的。

然而，衣服也会因其他原因而被更换、被购买。并不是因为身体穿着不适，而是觉得这些衣服与自己不匹配了。

衣服上附着人们"生活方式"的印记。例如，成年人和儿童、男性和女性之间的许多差异都是通过外表的印象构成的。从小穿裤子还是穿裙子，会极大地影响性别意识，以及坐姿、走路方式等身体动作。通过穿着某种类型的衣服，一个人的具体的身体感受甚至人格都会在不知不觉中被规定了。

因此，更换衣服意味着人们对自己根深蒂固的身体感受和人格印象感到不适，并希望摆脱它。意识到自己不应该是这样，或者自己还有可能成为另外一个自己，于是寻求改变存在的方式，换上新的衣服。衣服不仅可以从穿着的角度来看，也可以从脱下的角度来看。有时候人们脱去衣服是为了脱去自我、解放固定观念、回归零点。

寺山修司在二十二岁时回顾了他十多岁时在俳句和短歌创作中度过的岁月，他写道：

"环顾四周，这里那里'太多东西已死去'，我们的朋友们在新芽萌发的森林中找寻，他们各处捡拾，他们说：'不是，我想要的不是这个。'"

大概是怀着同样的心情吧，川久保玲在时装秀时对模特们说："不要扭动，不要跳舞，就像普通走路一样走。"

关怀之心

百货公司开始布置圣诞节装饰品了。接下来将是百货公司一年中最华丽的季节。对于小时候的我来说，百货公司是一个异空间。一进入百货公司，化妆品的香艳气味扑鼻而来。珠宝、内衣、和服卖场，给我留下了小孩不可进入的强烈印象。母亲购物时，我会在楼梯扶手上滑来滑去，或乘电梯上下玩耍。

乐趣在购物之后。上到六楼，有宽敞明亮的西餐厅，有电影院，屋顶还有可以俯瞰城市的游乐园。

对成年人来说，这也是非日常的耀眼空间。他们一边斜眼看着那些超出自己购买能力的奢华衣服和家具，一边在心里盘算着比这些低一个等级，但对当事人来说却是一生之选的物品。

后来，超市出现了，日用品可以在那里以较低的价格买到。百货公司不得不引进高档专卖店来应对，以示区别。随着社会变得富足，城市里街头也出现了精品店，百货公司逐渐失去了特色，融入了城市的一般景观之中。

如今，百货公司能提供给市民的或许是"时间"服务。顾客随意走入卖场，被不同风格和品位的物品包围，重新审视自己的生活，或者尝试"稍微改变一下生活"，思考各种可能的自己。或许这种"提供时间"（广井良典《论护理》）的行为正是百货公司员工的工作职责吧。

吃饭、理发、洗澡、换衣，生活意味着自我照顾。当个人无法独自照顾自我时，就需要护理。护理不同于看护，它是等待人们独立完成自己的事，只在最后无法完成时伸出援手。这可称为对他人自我照顾的关怀。等待是关键。

"有什么我可以帮忙的吗？"以这种方式关心顾客的自我照顾。这种关怀之心是商场员工的职责。

人体温控器

夏祭结束后，紧接着就到了僧人们来访的季节。城市里的僧人为了避开拥堵，会骑摩托车逐家拜访信众。即使在夏天他们也穿得整整齐齐，戴着头盔，汗流满面地到达信徒家中，喝一口凉茶，再继续出发，汗流如注地赶赴下一家。

因此，自古以来服装就蕴含智慧。为了防止汗水弄湿衣物，夏季衣服采用透气性好的不憋闷的衣料，人们穿竹制的背心，戴竹手镯。

迎接僧人来访的人会考虑到，室外热气和室内空调冷热相激会加剧疲劳，因此提前将房间开窗通风。在僧人诵经时，用扇子为他扇风，直到他脖颈上的汗静静退去。

一位熟悉日本习俗的美国建筑师，称扇子为"人体温控器"。现代大多数公寓都有中央空调，因此很少有机会用到扇子。按动空调开关的动作代替了扇扇子。虽然便利，但这使得客人不再有机会享受到主人从背后为他扇扇子的温馨体验，失去了对主人热情好客的体察。

这是一件略有遗憾的事。比起机器吹来的冷气，还是扇子带来的凉风更加温馨和舒适。

衣服也是如此。在现代，谈到温度调节时，大家第一时间更多地会想到空调，忘记了其实可以也通过穿得凉爽让自己和对方都感到舒适。正如"请给我机会让我爱你吧"这种被动式的表达会让人忘记如何去爱一样，现代人依赖空调，何尝不是使得我们又失去了一种身体能力呢。

他者的目光

在京都的一所公立高中，部分课程要求学生穿着校服上课，这引发了一些学生的反感，他们在学期结束典礼上穿着浴衣表示反抗。

面对禁止学生穿浴衣*参加典礼的老师，学生们反驳道："既然允许穿便装，那么浴衣为什么不可以"，"毕业典礼时允许穿袴和振袖**，浴衣也应该可以"。于是老师试图说服他们："浴衣在过去是内衣，所以不适合正式场合。"

京都的公立高中本来一直是允许穿便装上学的，因此这种抵抗形式本身带有自由的氛围。再加上京都作为"和服之都"，老师从历史角度解释浴衣的由来，这样一来，关于校服问题的争论变成了一种智慧的较量。这场争论相当有趣。通常，

---

* 一种日常随意穿着的和服样式。——译者注
** 袴和振袖分别为男式和女式正装和服的样式。——译者注

这类问题会被摆在个人自由和集体纪律的框架内讨论，但在这里，师生之间的问答分享了一个对服装的共识：服装不只是服装，它有着重要意义。学生们不是以直接抗议的方式，而是以穿浴衣这种出人意料的方式挑战学校的规定；而老师则试图论证在公共场合穿内衣是多么失礼。双方都不是从个人表达的视角，而是从他者如何看待自己的形象这个角度来探讨服装问题。

认为时尚是成为他人目光下的风景，这种观点很美妙。夏天里，僧人和女士们在白色衣物上叠穿着黑色透明外罩，最主要的是让观者感到舒适。相反，在学校，老师穿随意的运动服有时会伤害学生的感情，因为让他们觉得自己的存在被轻视了。服装的意义有时比我们想象中的更重。

手机也要时尚

我至今无法习惯使用手机。偶尔借用他人的手机，虽然惊讶于它的便利，但仍然不愿在公众场合使用。也许这只是面对新媒体出现时的一种老旧观念，我终究会习惯于手机，但即便如此，我仍认为在拥挤的人群中，或公共场所，不应进行私人对话，避免刺激或干扰他人。

如果在旁边有人无视你的存在进行私密对话，会让你感到自己被忽视而有些生气。相反，明知别人能听到而故意说话很夸张，也会让人不舒服。无论如何，心情波动的总是被迫听到话语的人。

看着小孩子会让人心情变得平静。同样，有时候仅仅只是看着某个人，就会感到舒适凉爽，或者是在心中燃起火焰。时尚就是这样影响他人的感受的。粗俗的时尚，就像是为了迎合他人的视线，强行化上令人难以忍受的低劣妆容。

时尚的人对自己在他人眼中的形象很敏感。只要考虑他人感受，时尚就包含了一种关怀和体贴，也是一种好客的信息。听到使用手机的人低声说"你好吗？"的时候，人们能感受到使用手机的人对他人特有的顾虑和体贴。手机不仅与对方共享时间，也与周围的人共享空间。

手机将来可能会变得像衣服的一部分。如同 CD 播放机一样，可以成为直接穿戴的设备。如果是这样，我们现在就应该开始练习让手机也变得时尚。

浴衣

日本的夏天非常炎热，即使在阴凉处也会汗流浃背。

因此，房屋和衣物都有各种让空气流通的设计。比如建造深檐防止阳光直射，给房屋洒水降温，敞开推拉门让空气对流；打阳伞，穿竹制内衣，或者在和服上搭配凉爽透气的轻纱。

这些风景现在只能在仍然保留着木质房屋的老城区看到了。但无论哪座城市，夏祭和烟花大会仍保留着。在我住的关西，京都的祇园祭、大阪的天神祭等都是举城欢庆的活动。人们的表情中既有从日常解放的轻松，也有支撑祭典的责任感，显得非常清爽。

说到夏祭，自然少不了浴衣。男女老少手中都拿着团扇，步伐和平时不同，显得非常悠闲自在。浴衣的设计也发生了很大变化，现在出现了很多大几何图案和条纹组合的设计，颜色也从传统的白底蓝红到鲜艳的红黄蓝色以及现代各种合成色。略有遗憾的是，现在短发女性居多，因而无法欣赏到她们穿着和服时后领处的微妙的性感。

穿上浴衣能感受到放松的氛围。与其说是盛装打扮，不如说是一种放松的装扮。在这种氛围中，我们从一刻也不能放松的紧张的状态中解放出来，享受和服的宽松舒适。布料之间、布料与皮肤之间包裹着的柔软空气让人感到非常舒适。

由于这种解放感，即使平时对和服穿着很讲究的年轻人，面对浴衣穿搭也会变得轻松随意。浴衣里穿 T 恤，脚穿拖鞋，脚趾涂着蓝色或褐色的趾甲油。我曾在祭典上甚至看到过一位男子穿着女式花纹图案的浴衣，露出毛茸茸的腿，脚穿运动鞋。这种风格很难说是和风还是亚洲风或是西洋风。浴衣自然地融入了无国籍的日常时尚中。

浴衣的这种轻松和自由,源自浴衣无须协助,自己一个人就能穿上。生活方式的变化(如西式房屋、现代办公环境、空调和建筑结构的变化导致的季节感消失)作为和服不再被日常穿着的原因之一常被提及,但最关键的原因可能是和服在无人协助的情况下无法自己穿着。在以核心家庭为常态的城市中,家中常常只有一个成年女性,不再有婆婆帮儿媳穿和服,或祖母给孙女穿和服的场景,穿和服必须自己独立完成。但年轻人通常不懂怎么穿,因为和服及其穿着礼仪代代相传的习惯已经消失了。日常生活中接触和服的机会少了,人们对和服的审美也发生了变化。

其实人们并不是不再喜欢和服,只是因为与过去相比,和服与现在的生活环境和身体感觉之间差距太大,穿起来不方便而已。其实,大家对和服的质量和品味都仍然持有信任感。但是,和服必须改变的是穿着的感觉。大家希望能有与公寓的裸墙、木地板和现代沙发相配的时尚和服,而制造商还没有很好地理解这一点。

虽然和服的穿着性本身是个问题,但随着和服的衰退,和服所具有的品位和"衣"的哲学也逐渐消失,这实在是令人惋惜。

我曾听到一位外国的和服爱好者说过："不急的时候，和服是最棒的。"大意是说，和服可以让我们从只追求效率、没有余裕的时间感中解脱出来。也就是说，它让我们通过身体感受另一种生活感，这或许可以说是一种对策吧。

在思考作为文化的和服时，还有一点不能忘记。那就是，和服在作为自我表现的媒介之前，更重要的是作为他人眼里的"风景线"，其中所包含的贴心和关怀。最好的例子就是夏天穿在和服外面的细绫或纱的黑色透视和服外罩。因为是多穿了一件衣服，所以并不会让穿着者因此感到凉爽。但是，那透视的黑色，或者说阳伞的阴影，会让擦肩而过的路人的眼睛感到清凉。这种细腻的关怀，也就是所谓的"关怀之心"，渗透在和服中。

浴衣的舒适感当然是从解放感中获得的。去参加节日活动时穿上印有牵牛花或金鱼图案的浴衣，配上运动鞋，享受这种混搭感，并让他人感到悦目。这种玩心也是浴衣的另一大魅力。

如今，人们总是强调"独一无二的自己"，把寻找和打磨自己的个性放在首位。但是在过去，先替对方考虑才是理所当然的。希望人们通过穿和服来回忆起这些宝贵的礼仪。

后　记

最近，时尚失去了力量。这既是好事，也有点遗憾。

遗憾的是，人们表面普遍少了一些张力，大家不再做出格的事，变得四平八稳，街景也因此变得平淡，显得有些缺乏活力。我偶尔想，大家何必松懈到那种程度呢？这样会让街头漫步的乐趣减少了许多。如果说时尚也是交流的媒介，那么现在人们可能更多地愿意在语言上探寻人与人之间细微的交流。事实上，如今人们在手机和电邮方面的消费大大增加了。最近我听说 CD 的销量也在下降。

好的方面是，大家不再被时尚的符号所左右，开始关注服装本身。设计师品牌现象实在是荒谬，但大家都被它迷住了。买家在购买时花费重金，品牌方却为了维持品牌形象而偷偷销毁滞销品……只要仔细想想就会觉得这种事情真的很奇怪，但大家都被服装或符号所束缚。

现在，像优衣库这样自己兼具设计、制造、销售的公司出现了，大家惊讶地发现，原来基本款可以这么便宜地生产出来。不管是服装还是店内装饰都去除了多余的元素，衣服的颜色和款式都贯彻现代的基本设计，几乎接近自然的感觉，而且可以与其他任何喜欢的衣服搭配穿着。我喜欢的一把雨伞竟然只售 690 日元。无论什么性别、年龄、爱好，这样的价格都让人感觉很清爽愉悦。这甚至让人感觉到一种个人主义的步调。如果这是消费者变得更智慧的一步，那就太好了。因为我们平日里谈论的所谓时尚自带的这种紧张感并不是真正的时髦。随意才是关键。

近田春夫先生在某杂志上指出，人们对服装喜好的关键点开始发生变化了。我想确实有这样的方面。在摆脱时尚的控制之后，我们现在可能正处于即将与服装重建关系的时期。服装与化妆一起，构成了"我"和外部世界之间的重要界面。

这本书是继《人为什么穿衣服》之后，我的第六本时尚书籍。它是由在以下媒体上发表的专栏文章汇编而成的：

《感觉像哲学》（伊势丹月刊 *i-press*，1997.4—2000.2）、《时尚的要点》（《朝日新闻》，1996.4.4—1996.9.26）、《室内的穿着感》（*LIVING DESIGN*，"生活设计中心"，1998.10—1999.10）、《时尚的哲学》（《每日新闻》，1997.1.22—1999.9.8）、《打扮的计谋》（《日本经济新闻》，1999.1.9—2000.3.25）。与我一起绞尽脑汁的是同朋社的泉谷圣子女士。这本书是在她的建议和指导下完成的。书籍设计师尾崎闲也先生（鹭草设计事务所）每次都出席并参与了讨论。虽然每次利用的是异常忙碌的工作间隙，但确实也是一段段自由讨论和放松的时光。这都要感谢两位的人格魅力。本书连载期间，我还要特别感谢伊势丹的小川澄见子女士、朝日新闻的上间常正先生、每日新闻的上杉惠子女士和斋藤希史子女士、日本经济新闻的岩田三代女士。

在截稿日到来时还没交稿的我，一定曾经多次让各位心惊胆战，但你们总是面带微笑，一路陪伴，在此由衷地感谢。

鹫田清一

2000 年 3 月

文库版后记

时尚瞬息万变。这本书问世至今已有六年,时尚的重心似乎已从服装本身逐渐转移到对身体的关注上,服装本身的力量在减弱。(这是显而易见的)人们认为过度时尚反而不是真正的时尚,认为服装不再是身体的表达,而是与身体融为一体的部分(穿裙子的女性大幅减少),他们对时尚的感觉变得越来越敏锐。现在也很少看到完全意义上的所谓"全新"的服装了。

相反,人们对身体的加工和演绎却细化了。头发的颜色、形状的演绎变得更加多样,身体打孔和大胆的眉形修整在男女中都变得很普遍(虽然有时候也相当程式化),指甲的颜色和图案更加自由多样,露出肚脐和背部也变得稀松平常。人们热衷于把皮肤整理得像人体模特一样,去除多余的杂毛和斑点。如今很少见到上唇或下颚有着自然小绒毛的女性,以及胳膊和腿部表面有黑色体毛的女中学生了。很多男性也开始护理皮肤了。

时尚的重心从服装转向身体本身的趋势,似乎自1980年代身体打孔的行为出现起就悄然加速。然而,与此同时,另一种并行现象也在进展——厌食和暴食等对生理的自我攻击,以及割腕等对身体表面的自我攻击。这种自我确认的冲动曾被称为"寻找自我",后来在很大程度上升级为伴随痛苦的对身体的自我攻击。

身体的加工,对身体的攻击……与19世纪女性穿戴紧身胸衣这种形式向女性身体施加的巨大社会压力相比,尽管在"攻击"这一点上几乎一致,但我们不得不强烈意识到这些攻击目标所处的环境发生了巨大变化。这或许是当前讨论时尚"哲学"的主题之一。然而,如果仅孤立地看待时尚中的身体加工或身体攻击的话,其"变化"的意义是隐而不见的。作为医疗对象的身体、连接媒体的身体、护理的和被护理的身体、承受形象压力的身体等,这些层面涉及的问题数不胜数。

时尚在让人沉醉于新的魅力的同时,也迅速让这种陶醉感破灭。换句话说,新颖的魅力实际上也是虚幻而痛苦的感觉。即使现在看起来似乎很时尚的东西也很快会褪色,这种感觉在人的心中蔓延。尽管让人心动的东西很多,但却没有真正决定性的东西,最终只留下苦涩。很多当时看起来很时尚的东西,会迅速被打入土气的冷宫。当前时代,总有人说所谓的决定性风格是这个、是那个,但话音未落,就被盖章认定"过时",并被抛弃。这种行为揭示了一个悲凉的事实:时尚中其实并没有什么真正决定性的东西。

时尚的加速,反而使得悲情的真相呈现,这是20世纪末的景象。"决定性的东西"消失了。(不仅是时尚)物品对于我们的意义也发生了改变，我们对于很多物品的感觉不再是"没有这个就活不下去"，而是"有或没有都行"。这种意识也渗透到了本应"不可替代"的身体中。想重置身体的感觉或者说迫切的欲望感，已经不再另类，变得非常平常。

本书出版后不久，出版商解散，本书从书店的书架上消失。将这本书从遥远的记忆中重新拯救出来的是筑摩书房编辑部的大山悦子女士和高山芳树先生。高山先生与校对人员一起，他们仿佛修复旧衣服上的小碎痕一样修复了旧版的诸多细节。多亏了他们，这本书得以重生。非常感谢。从文化社会学的视角进行时尚批评的成实弘至先生对本书助言颇多。成实弘至先生和我一样，先是从事"哲学"，后来进入时尚评论界。我现在最期待的是本书的新装成册，让我先一睹为快。

解说　灵魂的皮肤，解构的美学

成实弘至

1989 年，鹫田清一先生的《时尚的迷宫》出版，对那些对时尚有智识兴趣的年轻人来说，或许是一个引发震动的"事件"。至少，当时的我如此认为。

直到（甚至现在）哲学都轻视服装和流行时尚。哲学家和思想家们认为，哲学的工作是看透事物的本质，不能纠缠于表象。1984 年，吉本隆明穿着川久保玲的服装登上杂志《安安》时，引发了一些讨论，甚至被埴谷雄高指责为出卖灵魂给资本主义。鹫田先生自己也在文章中坦言，他的一位导师在看到他的时尚评论后，指责说"真是世风日下"。

欧洲虽然有像齐美尔、本雅明、巴特等正面时尚的思想家，但在日本，他们的这些成就一直被视为旁支末流。即便谈不上轻视，学者们也没有兴趣和深入理解的意愿，仿佛一个聪明的学者应采取的态度就是认为这些研究无关紧要。在 20 世纪 80 年代我是个相当随意的哲学专业学生，但就连我也似乎深谙这一规则，从未想过以时尚为题写毕业论文。然而，《时尚的迷宫》对这一传统做出了抗衡，不仅关注时尚，还将其作为重要的哲学主题进行了论述。

鹫田先生开始写时尚理论，是因为受到了 *Marie Claire*（日文版）这本时尚杂志的连载邀请。80 年代的 *Marie Claire* 有一位名叫安原显的著名编辑，他提出了将时尚与文学、艺术、现代前沿思想等内容放在同一水平线上呈现的编辑方针，开启了 80 年代时尚杂志的新特色。因为这种编辑方针，该杂志也收获了很多男性读者。回想起来，当时关注这个连载的人应该不在少数。之后，鹫田先生作为时尚理论的旗手受到瞩目，并发表了多部著作。本书就是其中之一。

鹫田时尚理论的冲击在于颠覆了之前时尚被赋予的地位。在西方传统思维中，精神被认为是高于身体并统领身体的存在。这种想法在日本也被广泛接受。然而，与此相对，近现代思想家如弗洛伊德和尼采则强调了身体的意义。现象学家梅洛 - 庞蒂也是其中之一。作为梅洛 - 庞蒂研究者的鹫田先生进一步关注身体表层发生的事情，细致地解读了衣服与人类存在不可分割的关系。也就是说，衣服对于人类存在来说并非琐碎之物，而是具有某种本质性的东西，在其表面呈现出对个人或社会的思想和情感的描绘。本书中也写道：

"时尚绝不是我们存在的'表面'。它不是灵魂的全部，但也绝不仅是外部装置，而是灵魂的皮肤。"

也就是说，鹫田时尚理论不仅批判了心灵和身体的等级关系（如果仅仅如此，并不新颖），还试图打破身体和衣服之间的界限。时尚是我们存在的一部分——这种论点让我们这些一直受相反理念教导的人感到豁然开朗，同时带来了一种近乎解放的感觉。这大概是因为，我们在80年代从时尚中获得的影响，第一次被用语言明确地指出。

80年代是高消费社会到来的时代。美苏两大势力的均衡勉强维持，自民党保守政治持续稳定，日本迎来了前所未有的经济繁荣——泡沫经济。与此同时，人们对政治和社会问题的关注度下降，年轻人沉迷于消费、娱乐和亚文化。尽管这样听起来可能有些负面，但另一方面，年轻一代不拘泥于既定的价值观，开始传播和享受自己喜欢的文化。时尚、音乐、影像、杂志、广告、漫画和动画等领域出现了大量新的表达和理念。在60年代由正值青春的"战后一代"引领了这种文化，他们被称为"新人类"，这一批年轻人群体迅速发展壮大。尽管80年代因泡沫经济而常被诟病，但作为年轻人文化喷涌的年代，出现了许多独特的文化成果。

这时，时尚界的设计师品牌风靡一时。许多设计师品牌最初源于一些年轻设计师在原宿等地的公寓里创办的小公司的创作，他们对之前千篇一律的所谓时装设计感到不满。随着80年代的到来，他们成功把握到了时代的氛围，新的品牌如雨后春笋般出现了。尽管大多数制造商最初的设计风格只是与普通服装稍有差异，但三宅一生、川久保玲、山本耀司等一些设计师在追求改变穿着者生活方式方面做出了大胆尝试，这一创造性推动了许多前所未见的开创性设计的产生。

因此，当时穿着 Comme des Garçons 和 Yohji Yamamoto 的人们，深知时尚不仅是商品，更是拓展智力和感性界限的媒介。然而，这种创造性在普通人群中并未得到最中肯的评价，只被看作一种简单的流行趋势。虽说不被大众理解也带来了些许优越感，但未能觅得知音也令他们感到郁闷。这种矛盾的心情被鹫田时尚理论巧妙地代言了。

本书提到的 Comme des Garçons 和 Yohji Yamamoto，鹫田先生本人通过穿着这些时尚品牌，激发了触觉、启发了思维，并产生了为之表达的想法。他的时尚理论的基调就是这种与时尚的相遇。更进一步说，如果没有接触到川久保、山本和三宅对服装进行的富于激进的批判和解构的设计，他的主张可能无法如此生动。时尚理论与当代感性的共鸣竟然如此强烈。

然而，鹫田时尚理论的魅力不仅在于他把时尚作为身体论的一种新应用，还在于其中蕴含的对人类姿态的审美意识。通常，我们认为年轻、苗条、匀称的身体是美的。但是，人类姿态的美真的就只存在于这种完美之中吗？鹫田的好友山本耀司心目中理想的女性形象是一个叼着烟斗漫步的白发老太太。鹫田先生反复强调的姿态之美，是指在接受自身不完美的基础上，向他人的目光完全敞开的姿态。街头化缘的简朴僧侣、风月场所中盛装打扮的艺伎的华丽身影就是具体的例子。

"当人们拥有相同的感受性和价值观时，那种同频的感觉，即所谓的'脱离感'，正是'帅气'的本质。人生的'边缘'境地——譬如艺伎，这种将盛装做到极致的存在，原本就是边缘性的个体，她们中很多人都是因为不幸的境遇而做这一行的——将这种'偏离'的境地的被动接受转化为'脱离'的主动姿态。我认为这是时尚的一粒种子。"

向往完美的东西，但不被众人同化，接纳不完美，接纳孤独。这种可以称之为"缺憾美学"的东西是鹫田时尚理论的基础。

这也是一个关于人应该如何生活的伦理问题。将服装与生活方式积极地联系起来的这种态度，正是与鲍德里亚等悲观主义者的最大区别。我身边的艺术家和美术系学生中似乎有很多鹫田的粉丝，或许他的美学感受性有一种独特频率，能传达到他们心中。

《穿着哲学逛街去》是他从1995年到2000年，为媒体撰写的连载文章的汇编。既然时尚敏感地反映了时代的潮流，那么从这些文章中也能看出哲学家是如何面对时代的。

然而，这些文章写作的时代，对提倡"缺憾美学"的哲学家来说无疑是一个特别困难的时期。日本在进入90年代后，泡沫经济破裂，1995年发生了阪神·淡路大地震，接着是东京地铁沙林毒气事件，80年代那种安逸的世界观迅速破灭。亚文化的可能性也随着幼女杀害事件和奥姆真理教的出现而黯然失色。媒体报道中，世界各地冲突频发，日常生活中充斥着少年犯罪等暴力。这种情况下，人们更愿意与他人相同，而不是独处；更愿意在健康的幻想中自我肯定，而不是面对不完美的现实。在时尚上，比起努力表现个性，更热切地希望被认可为普通的、与大众相同的"美丽"或"帅气"。设计师品牌的热潮也如昙花一现，消费者的关注点转向了更普通、易穿的风格或世界品牌。在"失落的90年代"中，人们沉溺于"治愈"的故事，而不是"缺憾"的美学（这种情况至今仍在继续）。

本书通过从宏观层面追踪个体和社会危机状况在身体"表面"的体现，表达了对沉溺于时代梦境的人们的担忧。

"虽然讨厌与人相同，但又害怕完全与人不同。时尚无情地反映出那种虽安全却卑微，令人不禁有些感伤的市民幸福形态。"

能够选择"脱离"生活方式的人，从过去到现在毋庸置疑都是少数。然而，如果不直面社会，也无法展现"帅气"的姿态。鹫田先生可能会说，正因为"不过只是"时尚而已，所以需要"尽管如此"（也要"脱离"）的觉悟。对现在的年轻人来说，这种对服装的思考可能显得过于沉重。然而，对于那些通过着装首次触及"灵魂的皮肤"的人，以及欲从时尚中"脱离"而发声的人来说，抗拒流行是非常正当的行为。因为服装本质上是一个关乎生活和伦理的问题。

图书在版编目（CIP）数据

穿着哲学逛街去：时尚现象学 / (日) 鹫田清一著；舒敏译. -- 重庆：重庆大学出版社, 2022.4 -- (万花筒). -- ISBN 978-7-5689-5043-5

Ⅰ. TS941.12; G02

中国国家版本馆CIP数据核字第2025XX0807号

穿着哲学逛街去：时尚现象学

CHUANZHE ZHEXUE GUANGJIEQU: SHISHANG XIANXIANGXUE

[日] 鹫田清一 著
舒 敏 译

责任编辑：张 维 责任校对：王 倩
装帧设计：typo_d 责任印制：张 策

重庆大学出版社出版发行
出版人：陈晓阳
社址：(401331) 重庆市沙坪坝区大学城西路21号
网址：http://www.cqup.com.cn
印刷：天津裕同印刷有限公司

开本：787mm×1092mm 1/32 印张：8.125 字数：168千
2025年04月第1版 2025年04月第1次印刷
ISBN 978-7-5689-5043-5 定价：69.00元

本书如有印刷、装订等质量问题，本社负责调换
版权所有，请勿擅自翻印和用本书制作各类出版物及配套用书，违者必究

TETSUGAKUOKITE, MACHIO ARUKO by Kiyokazu Washida
Copyright © Kiyokazu Washida, 2005
All rights reserved.
Original Japanese edition published by Chikumashobo Ltd.

Simplified Chinese translation copyright © 2025 by Chongqing university press, Co., Ltd
This Simplified Chinese edition published by arrangement with Chikumashobo Ltd. Tokyo, through Tuttle-Mori Agency, Inc.
and LEE's Literary Agency

版贸核渝字(2024)第183号